Osama M. Elmardi Suleiman Khayal

Instrumentação mecânica e dispositivos de medição

Osama M. Elmardi Suleiman Khayal

Instrumentação mecânica e dispositivos de medição

Exemplos resolvidos e outros problemas adicionais

ScienciaScripts

Cover image: www.ingimage.com

This book is a translation from the original published under ISBN 978-620-6-78254-4.

Publisher:
Sciencia Scripts
is a trademark of
Dodo Books Indian Ocean Ltd. and OmniScriptum S.R.L publishing group

120 High Road, East Finchley, London, N2 9ED, United Kingdom
Str. Armeneasca 28/1, office 1, Chisinau MD-2012, Republic of Moldova, Europe
Printed at: see last page
ISBN: 978-620-8-12680-3

Em nome de Deus, clementíssimo, misericordiosíssimo

Agradecimentos

Graças e gratidão a Deus, e que as bênçãos e as orações estejam com o Seu Mensageiro e servo Maomé, a sua família, os seus companheiros e todos aqueles que o seguiram e seguiram os seus vestígios até ao Dia da Ressurreição.

Em memória da minha querida mãe Khadra Dirar Taha Ali Orsud, do meu querido pai Mohammed Elmardi Suleiman Khayal e da minha querida tia Zaafaran Dirar Taha, com quem aprendi o grande valor do trabalho e o respeito pelo tempo, a sua organização e gestão.

À minha primeira mulher, Nawal Abbas Abdul Majeed Abu Youssef, às minhas três filhas, Roa, Rawan e Aya, às minhas netas Lana e Lara, e ao Dr. Khaled Amin Muhammad Amin, em agradecimento pelo seu amor, paciência e perseverança em proporcionar conforto e tranquilidade, especialmente quando as coisas se complicam e se enredam.

À minha segunda mulher, Lamia Abdullah Ali Fazari, cujo amor e súplica a Alá representaram o ímpeto que me levou a percorrer o caminho espinhoso da investigação e do conhecimento.

Este livro é dedicado às memórias de:

Professor Saber Muhammad Salih,

Professor Elfadil Adam Abdullah,

Professor Associado Abdul Jalil Youssef Al-Atta,

Professor Associado Mohiuddin Idris Harba,

Professor Associado Hashem Ahmed Ali Al-Hashemi,

Professor Associado Salah Ahmed Ali,

Docente Ishraqa Saleh Abdullah Saleh,

Professor Intisar Abdo, que contribuíram para a criação do majestoso edifício da Faculdade de Engenharia Mecânica de Atbara, há mais de cinquenta anos (1971 d.C.).

O autor gostaria de estender os seus sinceros agradecimentos a todos os que contribuíram com o seu esforço, pensamento e tempo para a produção deste livro da forma pretendida. Agradecimentos aos colegas professores do Departamento de Engenharia Mecânica da Universidade de Nile Valley:

Professor Associado Fath Al-Rahman Ahmed Al-Mahi,

Professor Assistente Dr. Emad El-Din Mahmoud Mahdi Musa,

Professor Assistente Khaled Taha El-Sayed Ali,

Professor Hassan Ali Mohiuddin,

O professor Awad Allah Ahmed e o Dr. Bashir Abdel-Zaher, bem como os irmãos, professores do Departamento de Engenharia Mecânica da Universidade do Mar Vermelho - Porto Sudão, da Universidade Sudanesa de Ciência e Tecnologia - Cartum, da Universidade Sheikh Abdullah Al-Badri - Berber, da Universidade Abdul Latif Al-Hamad - Marawi, da Universidade de Kassala - Kassala, da Universidade do Nilo Azul - Damazin e Roseires, e da Universidade do Cordofão - El Obeid.

Mahmoud Yassin Othman, que contribuiu grandemente para a redação, revisão e nova revisão do conteúdo do livro.

Dedico este livro principalmente aos estudantes de Diploma e Bacharelato de Engenharia em todas as disciplinas, especialmente aos estudantes do Departamento de Engenharia Mecânica, uma vez que este livro analisa muitas aplicações em engenharia mecânica, especialmente no domínio da instrumentação mecânica e dispositivos de medição.

Expresso o meu agradecimento e gratidão ao Eng. Osama Mahmoud Mohamed Ali do Dania Center for Computer and Printing Services em Atbara e ao engenheiro Awad Ali Bakri do College of Engineering and Technology - Atbara, que passaram muitas horas a imprimir, rever e reimprimir este livro mais do que uma vez.

Os nossos agradecimentos são extensivos ao Secretariado do Reitor da Faculdade de Engenharia e Tecnologia - Atbara, Khaleda Bashir Mohamed Bashir e Khalida Abdel Razeq Widaat Allah, que participaram na coordenação deste trabalho.

Por último, peço a Alá Todo-Poderoso que aceite este humilde trabalho, que espero que seja útil para o leitor.

Prefácio

O autor deste livro, acreditando no grande e apreciado papel desempenhado pelos professores universitários no enriquecimento do movimento de autoria, arabização e tradução de valiosas referências e livros de engenharia. Ele espera que este livro cumpra os requisitos dos programas de bacharelato, diploma superior e diploma geral para estudantes de engenharia mecânica, engenharia de produção e fabrico, engenharia eléctrica e eletrónica e engenharia civil, porque é de grande importância na cobertura dos cursos de instrumentos de engenharia mecânica e sistemas de medição (ou seja, sistemas mecânicos, hidráulicos, pneumáticos, térmicos e eléctricos).

Este livro concorda linguisticamente com o Dicionário Unificado de Engenharia do Sudão e é considerado uma referência no seu domínio. Pode beneficiar o estudante, o engenheiro e o investigador. A maior parte do material deste livro é derivado de palestras e notas compostas no seu ensino deste curso durante um período de pouco mais de trinta anos.

Este livro pretende sublinhar a importância de identificar os dispositivos de medição de engenharia e de os associar a sistemas mecânicos, a fim de tentar identificar a nova aplicação conhecida como mecatrónica, ou seja, que associa elementos mecânicos a sistemas de controlo eléctricos e electrónicos.

Este livro contém quatro capítulos. O primeiro capítulo inclui uma introdução aos sistemas de medição; tipos de sistemas de medição e controlo; funções ou factores de transferência para sistemas mecânicos, hidráulicos, pneumáticos e eléctricos; a definição da fórmula padrão para funções de transferência com desfasamento ou atraso exponencial e complexo; e os tipos de resposta do regulador. O Capítulo 1 também inclui muitos exemplos, problemas resolvidos e não resolvidos.

O segundo capítulo aborda a forma de representar funções de transferência ou elementos do sistema sob a forma de diagramas de blocos ou de caixas ligados em série, em paralelo ou num híbrido entre série e paralelo. Desta forma, é possível simplificar a compreensão de sistemas complexos que incluem muitos elementos, determinando assim a função de transferência global do sistema. Este capítulo inclui os seguintes tópicos: elementos ligados em série; elementos ligados em paralelo; o sistema de realimentação unitário; e o sistema de realimentação intercetado por um componente no percurso de retorno. Este capítulo também inclui muitos exemplos e problemas que ajudam o aluno a entender facilmente as teorias e aplicações do assunto.

O terceiro capítulo é dedicado a uma introdução à técnica de controlo e medição de comprimentos; análise dos sistemas de medição em termos dos seus componentes e tipos básicos. Na análise são abordados os manómetros, os transdutores de resistência para medição de deformações mecânicas (i.e. extensómetros), os transdutores de resistência para medição de temperatura (i.e. termómetros de resistência e termistores) e os amplificadores (amplificadores de deslocamento mecânico linear e angular). No final deste capítulo, são apresentados vários exemplos e problemas.

O quarto capítulo contém um vasto banco de perguntas e respectivas respostas sobre o tema da instrumentação mecânica e do sistema de medição.

Este livro tem como objetivo cobrir a instrumentação clássica e os dispositivos e sistemas de medição, de modo a tornar o estudante capaz de..:

1. Formulação de modelos matemáticos para sistemas de medição e controlo (i.e. sistemas mecânicos, hidráulicos, pneumáticos, térmicos e eléctricos).

2. Representação em diagrama de blocos de elementos ou funções de transferência ligados em série, em paralelo ou em elementos híbridos.

3. Identificar os componentes básicos do sistema de medição (ou seja, variável de entrada, variável desejada, transdutor, condicionador ou modulador de sinal, unidade de visualização e variável de saída ou variável real).

4. Estudo de alguns sistemas de medição da pressão (por exemplo, tubo de Bourdon, manómetro vertical e manómetro inclinado).

5. Estudar alguns sistemas de medição de temperatura (i.e. termómetros de líquido em vidro, termómetros de resistência, termístores e termopares).

6. Identificar amplificadores de sinais mecânicos lineares ou angulares, reflectores ou não.

7. Estudo de alguns aparelhos de medição de tensão e de corrente.

12. Aplicação dos princípios da mecânica, instrumentação e sistemas de medição a questões de resposta dinâmica, estabilidade e controlo de movimentos de veículos. As aplicações são selecionadas a partir de temas como a dinâmica e a estabilidade de veículos e aeronaves, a mecânica dos fluidos, a transferência de calor, a termodinâmica, a mecânica dos materiais, etc.

O autor espera que este livro contribua para o enriquecimento das bibliotecas universitárias dentro e fora do Sudão neste domínio do conhecimento e espera que o leitor envie os seus comentários, caso existam erros, para que o autor os possa corrigir na próxima edição do livro.

Ó Deus, não há nada fácil, a não ser o que tu facilitaste
e tu facilitas o sofrimento, se quiseres

Autor

Professor Associado Dr. Osama Mohammad Elmardi Suleiman Khayal

Departamento de Engenharia Mecânica, Faculdade de Engenharia e Tecnologia, Universidade do Vale do Nilo

Conteúdo

Capítulo I

Introdução aos sistemas de medição

1.1 Definições

1.1.1 Sistema

Um sistema é um conjunto de elementos ou componentes que trabalham em conjunto para desempenhar funções específicas. A figura (1.1) abaixo mostra uma descrição de um sistema com os seus vários componentes (ou seja, mecânicos, hidráulicos, pneumáticos, eléctricos, electrónicos, etc.).

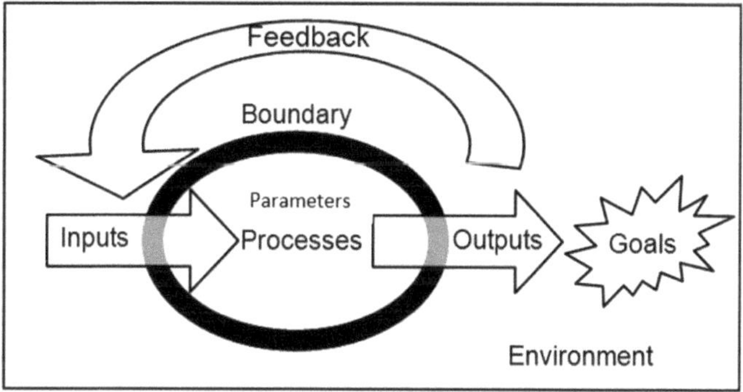

Figura (1.1) Sistema com os seus vários componentes

Um sistema pode ser definido como um conjunto de entradas e partes que se entrelaçam nos elementos para funcionar de acordo com um objetivo específico, por exemplo, um conjunto de partes e coisas que são reunidas para formar um sistema informático e vários sistemas de energia. Os sistemas variam, em geral, entre simples e complexos. Há sistemas biológicos como o coração, há sistemas mecânicos como os termóstatos, e outros sistemas humanos, sociais e ambientais, e o sistema de alto rendimento baseia-se na troca constante de observações e notas entre as suas várias partes de forma harmoniosa e compatível para atingir o objetivo do sistema. Um sistema também pode ser definido em biologia como um conjunto de componentes ou subsistemas que se integram e trabalham em conjunto para atingir um objetivo específico, como o sistema digestivo, o sistema nervoso, o sistema respiratório, entre outros.

1.1.2 Limite do sistema

É a estrutura externa do sistema e actua como o conteúdo dos componentes do sistema. A fronteira do sistema protege o sistema e os seus componentes dos ataques atmosféricos (ou seja, temperatura, humidade, pressão atmosférica, chuva, poeira, etc.)

Exemplos do limite do sistema são os seguintes: coberturas para motores, mecanismos e máquinas; coberturas exteriores para dispositivos de aquecimento e arrefecimento central; coberturas para computadores e telemóveis, entre outros.

1.1.3 Parâmetros ou grandezas variáveis

São os elementos que determinam o comportamento do sistema. Exemplos de parâmetros são as transformações de energia no sistema do motor de um automóvel que passa da energia química representada no combustível (ou seja, gasolina ou gasóleo) para a energia térmica resultante da reação química no interior da câmara de combustão para energia de trabalho mecânico alternativo. A conversão desta energia em trabalho rotativo é feita através de uma cambota, e daí para a caixa de velocidades, onde é escolhida a mudança adequada a partir das velocidades e binários, e desta para as rodas.

1.1.4 Entradas e saídas do sistema

São determinadas quantidades que entram no sistema e são processadas para produzir determinadas quantidades à saída. As entradas e saídas do sistema podem ser iguais, ou seja, do mesmo tipo, uma vez que a entrada é o deslocamento e a saída é o deslocamento, ou diferentes, ou seja, de um tipo diferente, uma vez que a entrada é a pressão e a saída é o deslocamento.

1.1.5 Ambiente do sistema

O ambiente do sistema é um conjunto de efeitos externos que afectam o desempenho do sistema (ou seja, efeitos da pressão, temperatura, humidade relativa, humidade específica, poeira, precipitação, taxas de corrosão, erosão e outros).

1.2 Tipos de sistemas de instrumentação e controlo

Dois tipos de sistemas que são utilizados em dispositivos de medição e controlo:

1.2.1 Sistema de medição em circuito aberto

Os requisitos de desempenho de um sistema são definidos no regulador e a máquina é autorizada a executar a função que lhe é exigida, independentemente do resultado na saída. Por exemplo, uma máquina de lavar loiça ou roupa, sinais de trânsito e candeeiros de rua. A figura (1.2) abaixo mostra um diagrama de blocos de um sistema de circuito aberto.

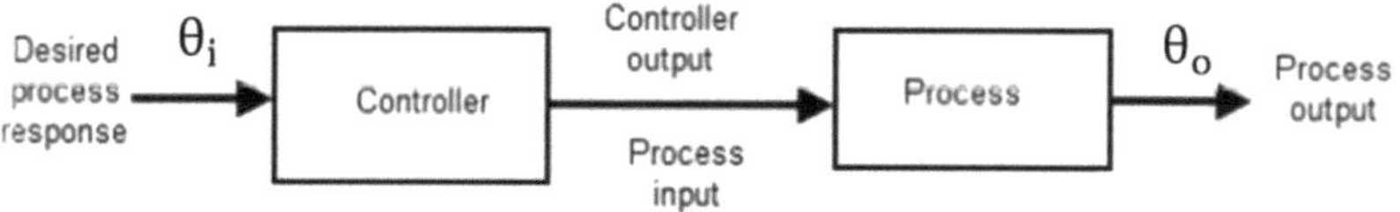

Figura (1.2) Diagrama de blocos de um sistema de medição em circuito aberto

Em que θ_i é o valor desejado da variável ou a variável de entrada e θ_o é o valor efetivo da variável ou a variável de saída.

O secador de roupa elétrico é um exemplo perfeito do sistema de controlo de circuito aberto, uma vez que não tem em conta as condições da roupa antes de parar o seu trabalho. Existem três blocos no sistema de secagem eléctrica: temporizador, elementos de aquecimento e roupa.

Quando programamos um temporizador para um determinado período de tempo para a secagem da roupa, este controlo do temporizador e os elementos de aquecimento trabalham em conjunto para obter a saída de roupa seca. Como se trata de um sistema sem feedback, o feedback sobre a roupa não é dado no sistema de controlo de circuito aberto.

Por conseguinte, o sistema pára de funcionar após o tempo predefinido sem ter em conta o estado da roupa. A roupa pode estar seca ou não; o sistema desliga-se após o tempo determinado. Isto acontece porque a saída depende apenas do sinal de entrada e nenhuma outra ação de controlo é dada pela entrada, uma vez que não tem qualquer sinal de retorno.

Se estivermos a programar o temporizador para 15 minutos na máquina de secar roupa, esta deixará de funcionar após a conclusão dos 15 minutos e não terá em conta se a roupa está seca ou não. Isto deve-se ao facto de o seu funcionamento se basear no sinal de entrada de um temporizador e de não haver qualquer ação de controlo dada pela entrada, uma vez que não existe um circuito de retorno. A figura (1.3) abaixo mostra um diagrama de blocos de um sistema elétrico de secagem de roupa.

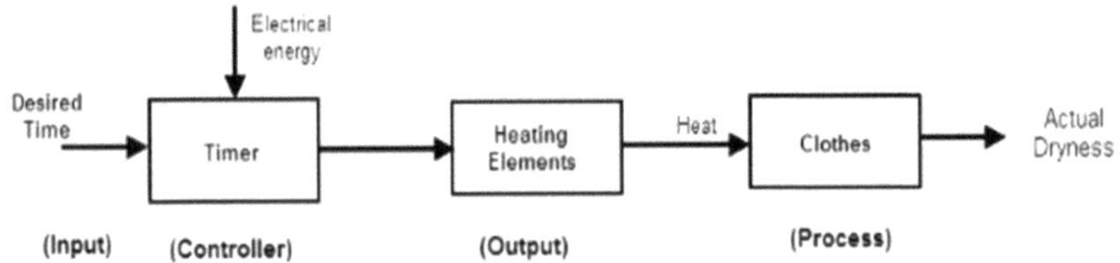

Figura (1.3) Diagrama de blocos de um sistema elétrico de secagem de roupa

Outros exemplos de um sistema aberto são:

Os Corpos dos Seres Vivos, Motor de Turbina, Motores de Veículos, Ferver Água num Recipiente Aberto, Corpos de Água, Energia Solar, Terra, Vulcões, Aparelhos de Aquecimento, Soprador de Ar, Fogão a Lenha, Moinhos de Água e de Vento.

1.2.2 Sistema de medição em circuito fechado

A variável de saída é medida regularmente e comparada com a variável de entrada. Esta ação corrige o resultado na saída do sistema. Exemplos de um sistema intermitente são o termóstato, o sistema do automóvel, o sistema de válvulas de boia e agulha que determina os níveis de fluidos nos depósitos, e exemplos de um sistema de medição em circuito fechado - sistema contínuo são o regulador mecânico nos motores a diesel ou o carburador nos motores a gasolina. A figura (1.4) abaixo mostra um diagrama de blocos de um sistema de ciclo fechado.

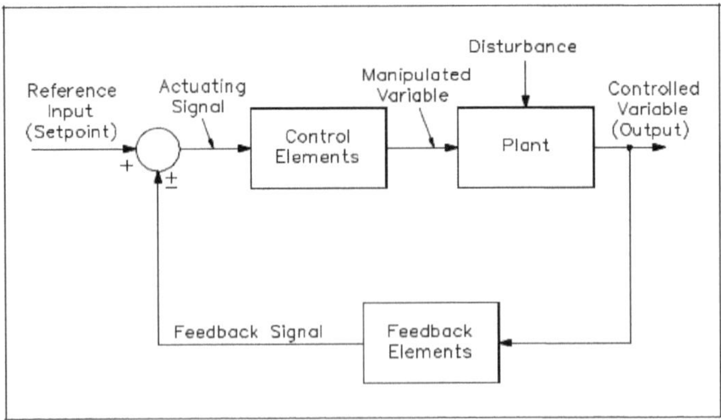

Figura (1.4) Diagrama de blocos de um sistema de medição em circuito fechado

Neste sistema, a variável de saída ou o valor real da variável θ_o é medida continuamente pelo elemento de controlo e a leitura é enviada para o elemento de comparação, no qual a variável de saída θ_oé comparada com a variável de entrada (ou seja, a variável de entrada ou o valor desejado da variável, θ_i). O resultado desta comparação é enviado ao regulador sob a forma de um sinal (ou seja, mecânico, hidráulico, pneumático, elétrico, eletrónico, etc.).

O regulador regula a alimentação eléctrica da instalação (ou seja, da máquina ou instalação cujas grandezas físicas, químicas ou mecânicas devem ser controladas) em função do valor da variável de saída e torna-o $\theta_o$próximo ou igual ao valor da variável de entradaθ_i.

Um sistema de controlo de circuito fechado, também conhecido como sistema de controlo de feedback, é um sistema de controlo que utiliza o conceito de um sistema de circuito aberto como caminho de avanço, mas tem um ou mais circuitos de feedback (daí o seu nome) ou caminhos entre a sua saída e a sua entrada. A referência a "feedback" significa simplesmente que uma parte da saída é devolvida "de volta" à entrada para fazer parte da excitação do sistema.

Os sistemas de ciclo fechado são concebidos para atingir e manter automaticamente a condição de saída desejada, comparando-a com a condição atual. Para o efeito, gera um sinal de erro, que é a diferença entre a saída e a entrada de referência. Por outras palavras, um "sistema de ciclo fechado" é um sistema de controlo totalmente automático em que a sua ação de controlo depende, de alguma forma, da saída.

Assim, por exemplo, considere a nossa máquina de secar roupa eléctrica do exemplo anterior de sistema de circuito aberto. Suponhamos que agora utilizamos um sensor ou transdutor (dispositivo de entrada) para monitorizar continuamente a temperatura ou a secura da roupa e enviar um sinal relativo à secura para o controlador, como se mostra na Figura (1.5) abaixo.

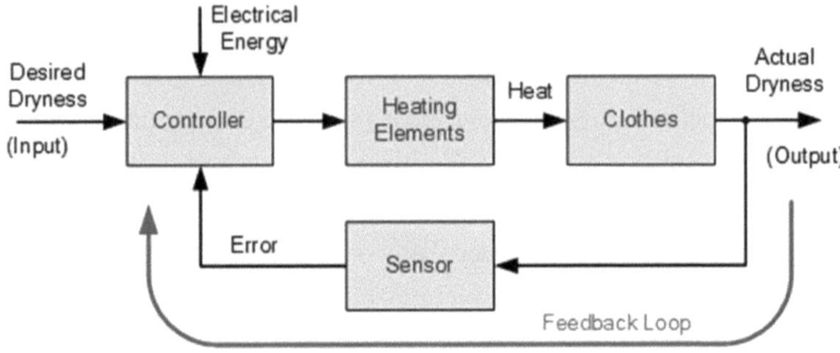

Figura (1.5) Sistema de circuito fechado de uma máquina de secar roupa eléctrica

Outros exemplos de um sistema fechado são:

Condicionadores de ar, líquido a ferver numa caçarola fechada, alisador de cabelo elétrico, máquina de costura, relógios de parede e de pulso, lâmpadas, batedeira eléctrica, vaso de pressão, sistema de flutuação e válvula de agulha em refrigeradores de ar e de água.

1.3 Operador de transferência ou função de transferência

O rácio entre a saída e a entrada de um componente individual ou de todo um sistema, e é normalmente uma função do tempo.

Existem vários exemplos diferentes de funções de transferência que serão contextualizados de seguida:

1.3.1 primavera

A figura (1.6) abaixo mostra uma mola expansível de aço inoxidável.

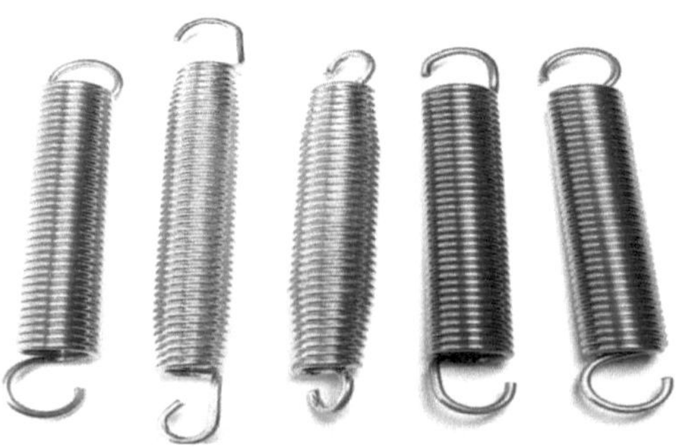

Figura (1.6) uma mola expansível de aço inoxidável

A figura (1.7) abaixo mostra um sistema de molas que está sujeito a uma carga de compressão axial na extremidade livre e rigidamente fixado na outra extremidade.

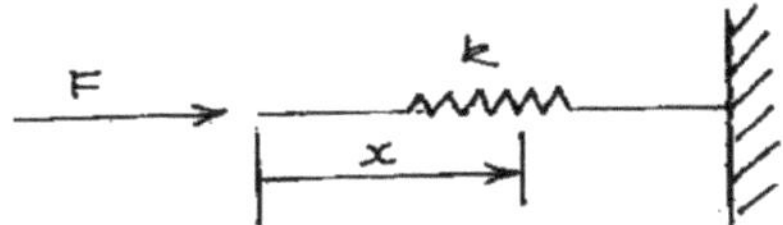

Figura (1.7) um sistema de molas com uma carga axial

Onde: k = constante da mola ou constante de proporcionalidade da relação entre F e x.

x = deslocação.

F = força de deformação.

F $\propto x$ força de deformação,

F = k x força de deformação, ∴

Transferir operador ou função:

$$T.o = \frac{o/p}{i/p} = \frac{x}{F} = \frac{1}{k}$$

Um diagrama de blocos pode representar o operador de transferência da seguinte forma:

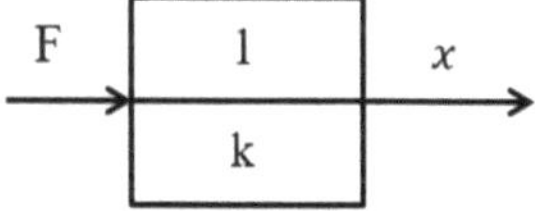

1.3.2 Alavanca

A figura (1.8) abaixo mostra uma alavanca mecânica simples em equilíbrio.

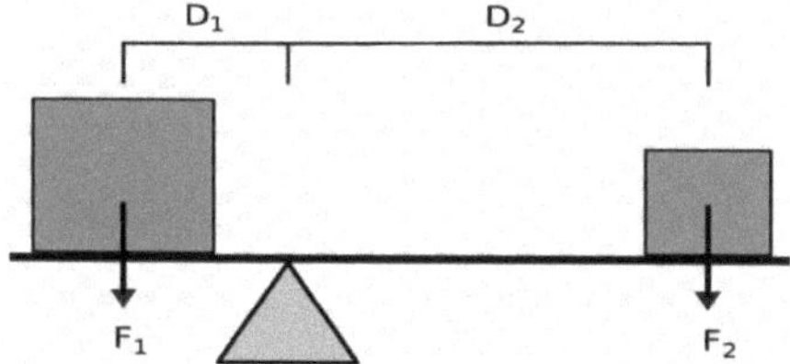

Figura (1.8) uma alavanca mecânica simples em equilíbrio

A figura (1.9) abaixo mostra uma alavanca mecânica simples utilizada para reduzir o esforço.

Onde:

Força de entrada = F_1

Força de saída = F_2

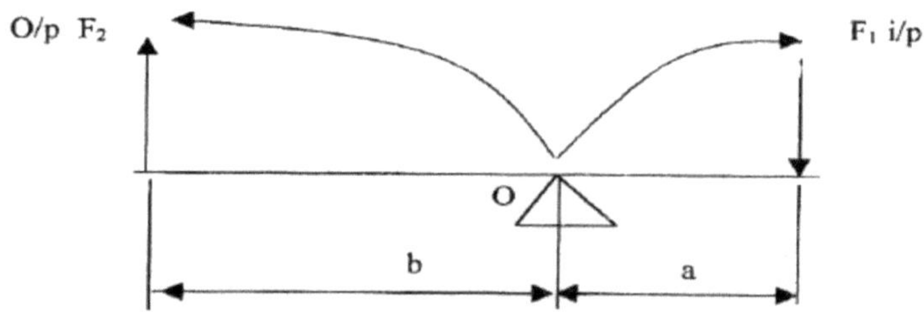

Figura (1.9) Sistema de alavanca mecânica simples

Para equilibrar o sistema, os momentos em torno do fulcro O são obtidos da seguinte forma:

Momentos no sentido dos ponteiros do relógio = Momentos no sentido contrário ao dos ponteiros do relógio.

F_1 a = F b_2

Transferir operador ou função:

$$T.o = \frac{o/p}{i/p} = \frac{F_2}{F_1} = \frac{a}{b}$$

É representado esquematicamente da seguinte forma:

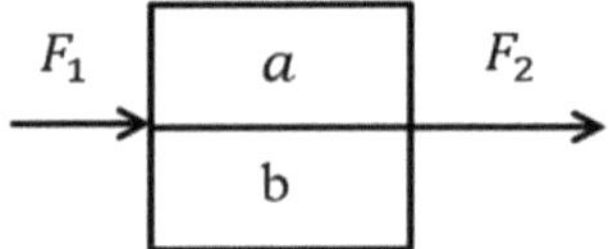

1.3.3 Fole

A figura (1.10) abaixo mostra um fole ou soprador como o utilizado por um ferreiro.

Onde: B = constante do fole ou do ventilador.

x = deslocação.

Figura (1.10) Um fole ou soprador, como o utilizado por um ferreiro

Mais uma vez, a Figura (1.11) abaixo mostra um fole ou soprador de ferreiro ou um instrumento musical de sopro.

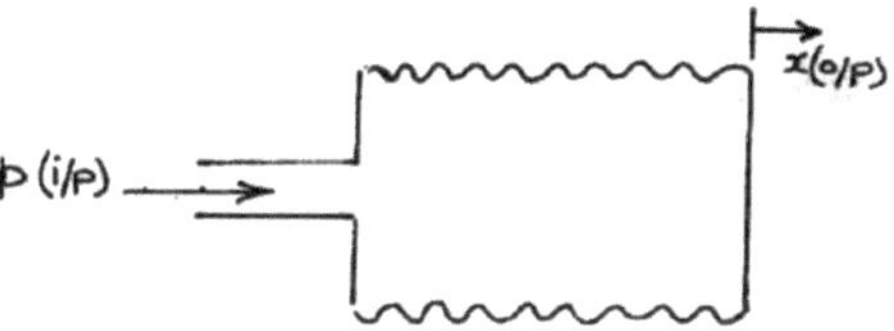

Figura (1.11) um fole ou soprador de ferreiro ou um instrumento musical de sopro

P $\propto x$ pressão do ar ,

$\therefore$ P = B x

Transferir operador ou função:

$$T.o = \frac{o/p}{i/p} = \frac{x}{p} = \frac{1}{B}$$

É representado esquematicamente da seguinte forma:

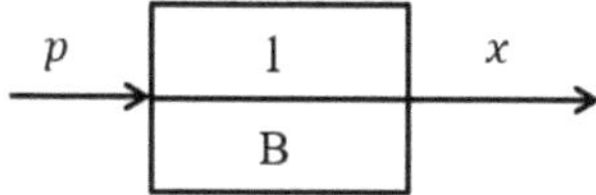

1.3.4 Resistência eléctrica

A figura (1.12) abaixo mostra a resistência eléctrica e os seus métodos de codificação.

Figura (1.12) a Resistência Eléctrica e os seus Métodos de Codificação

A figura (1.13) abaixo mostra um elemento de resistência eléctrica num circuito elétrico.

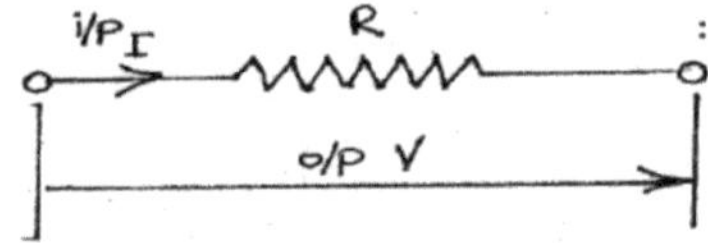

Figura (1.13) um elemento de resistência eléctrica num circuito elétrico

Da lei de Ohm:

V = diferença de potencial IR,

Transferir operador ou função:

$$T.o = \frac{V}{I} = R$$

É representado esquematicamente da seguinte forma:

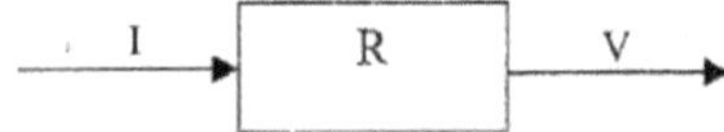

1.3.5 Indutor

A figura (1.14) abaixo mostra um elemento de um indutor.

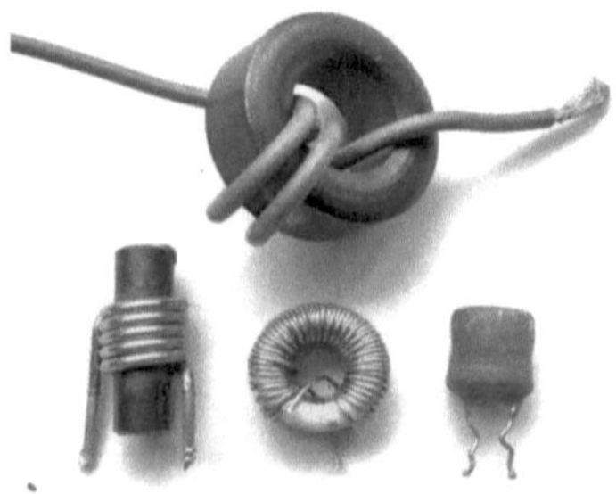

Figura (1.14) um elemento de um indutor

A figura (1.15) abaixo mostra um elemento indutor num circuito elétrico.

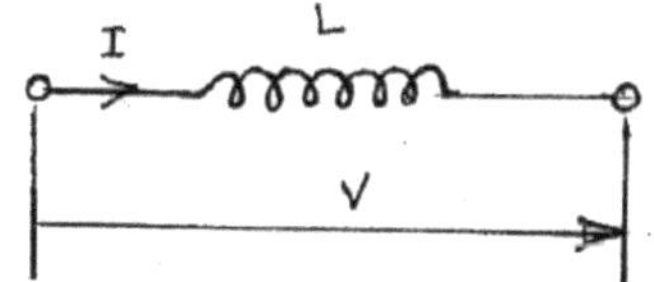

Figura (1.15) Um elemento indutor num circuito elétrico

Onde: L = Indutância

Diferença de potencial, V:

Diferença de potencial, $V \propto \frac{dI}{dt} = LDI$

Em que: D≡ d/dt (ou seja, operador D)

Transferir operador ou função:

$$T.o = \frac{o/p}{i/p} = \frac{V}{I} = LD$$

É representado esquematicamente da seguinte forma:

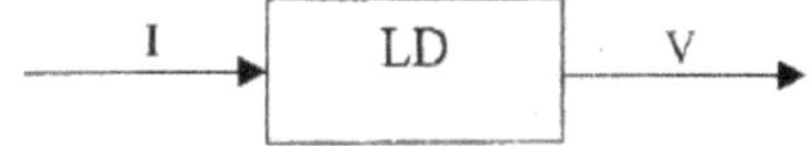

1.3.6 Condensador

A figura (1.16) abaixo mostra um elemento condensador para uma ventoinha.

Figura (1.16) um elemento condensador para um ventilador

A figura (1.17) abaixo mostra um elemento condensador num circuito elétrico.

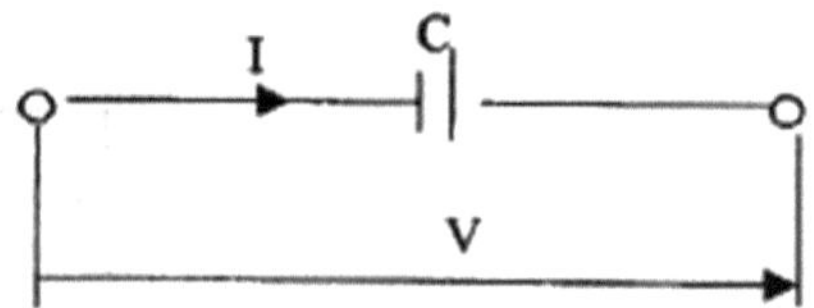

Figura (1.17) um elemento condensador num circuito elétrico

Intensidade da corrente, I:

Intensidade atual, $I \propto \frac{dV}{dt}$

$\therefore I = C\ \frac{dV}{dt} = CDV$

Onde: C é a capacitância eléctrica.

Transferir operador ou função:

$$T.o = \frac{V}{I} = \frac{1}{CD}$$

É representado esquematicamente da seguinte forma:

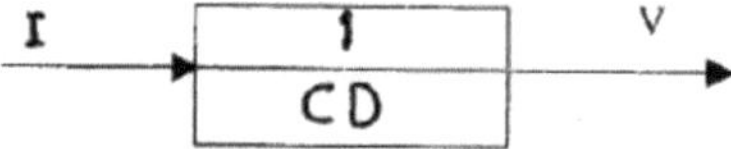

1.3.7 Dashpot ou amortecedor

A figura (1.18) abaixo mostra um amortecedor de vibrações.

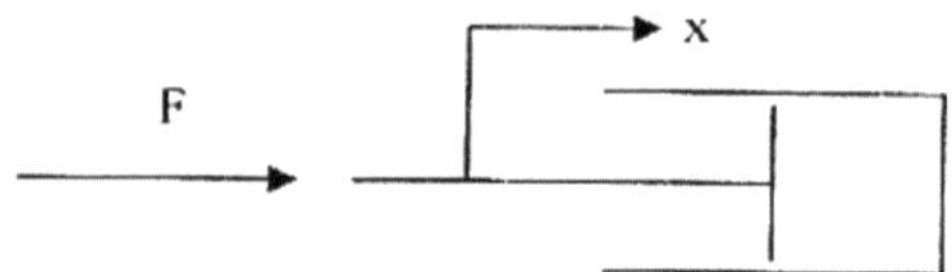

Figura (1.18) um amortecedor de vibrações

Força de amortecimento, F:

Força de amortecimento, $F \propto v$

$$\text{Damping Force,} \quad F \propto \frac{dx}{dt}$$

Em que a velocidade é expressa da seguinte forma:

$$\frac{dx}{dt} = x^o$$

$$\text{Damping Force,}\ \ F = C\,x^o = C\,\frac{dx}{dt} = CDx$$

Onde: C é o coeficiente de amortecimento viscoso.

Transferir operador ou função:

$$T.o = \frac{o/p}{i/p} = \frac{x}{F} = \frac{1}{CD}$$

É representado esquematicamente num diagrama de blocos como se segue:

A figura (1.19) abaixo mostra um amortecedor de vibrações ou um amortecedor pneumático para amortecedores industriais.

Figura (1.19) um amortecedor de vibrações ou amortecedor pneumático para amortecedores industriais

1.3.8 Um sistema mecânico com uma mola e um amortecedor

A figura (1.20) abaixo mostra um sistema com uma mola e um amortecedor de vibrações.

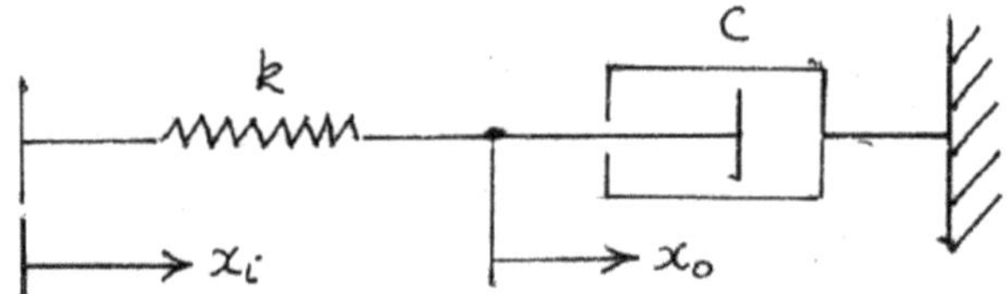

Figura (1.20) um sistema com uma mola e um amortecedor de vibrações

Onde: x_i , a deslocação de entrada.

x_o , a deslocação de saída.

A equação de movimento do sistema é a seguinte:

$$k(x_i - x_o) - Cx_o^o = 0$$

$$kx_i - kx_o - CDx_o = 0$$

$$kx_i = kx_o + CDx_o = x_o\{k + CD\}$$

Transferir operador ou função:

$$T.o = \frac{x_o}{x_i} = \frac{k}{k + CD}$$

Dividir o numerador e o denominador por k:

$$T.o = \frac{1}{1 + \frac{C}{k}D}$$

Assim, a função de transferência do sistema é análoga à forma padrão de uma função de transferência exponencial com atraso ou desfasada, que é expressa da seguinte forma

$$T.o = \frac{o/p}{i/p} = \frac{\theta_o}{\theta_i} = \frac{1}{1 + \tau D}$$

1.3.9 Nível de combustível ou nível de petróleo

A figura (1.21) abaixo mostra um sistema para determinar o nível de líquido num tanque.

Pode dizer-se que o caudal é diretamente proporcional à deslocação da válvula.

Caudal ∝ Deslocamento da válvula

Deslocação das válvulas ∝ Alteração do nível de combustível

$$\therefore Q \propto (h_i - h_o)$$

Q também pode ser expresso da seguinte forma:

$$Q = Av \propto (h_i - h_o)$$

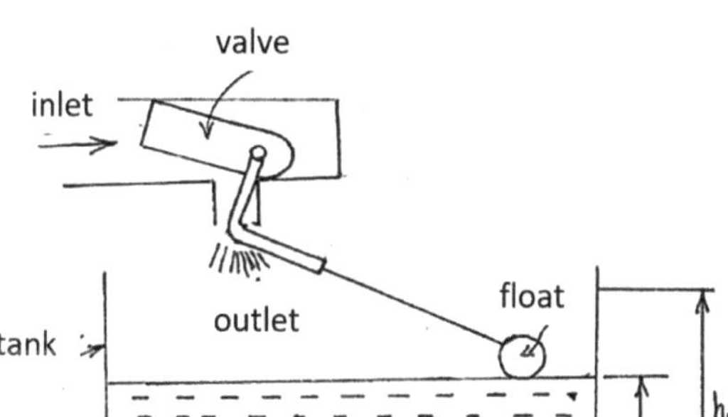

Figura (1.21) um sistema para determinar o nível de líquido num tanque

Em que: h_i é o nível requerido ou desejado (o nível de corte de combustível para o reservatório).

h_o , o nível efetivo.

$$Av \propto (h_i - h_o)$$

$$\therefore A\frac{dh_o}{dt} = C(h_i - h_o)$$

Se C = 1 for selecionado:

$$\therefore \frac{dh_o}{dt} = \frac{1}{A}(h_i - h_o)$$

Em que A é a área da secção transversal do reservatório de combustível.

$$Dh_o = \frac{1}{A}h_i - \frac{1}{A}h_o$$

$$Dh_o + \frac{1}{A}h_o = \frac{1}{A}h_i$$

$$h_o\left\{D+\frac{1}{A}\right\}=\frac{1}{A}h_i$$

Transferir operador ou função:

$$T.o=\frac{o/p}{i/p}=\frac{h_o}{h_i}=\frac{\frac{1}{A}}{D+\frac{1}{A}}$$

Multiplicando o numerador e o denominador por (A), obtemos:

$$T.o=\frac{1}{1+AD}$$

Que corresponde à forma geral dos elementos de atraso ou desfasamento exponencial (Fórmula Padrão dos Elementos de Atraso Exponencial) e que se escreve como $1/(1+\tau D)$ (em que τ é a constante de tempo do sistema ou o tempo periódico do sistema).

1.4 Tipos de resposta do controlador

1.4.1 Resposta de abertura e fecho (Resposta On - Off)

O regulador funciona ou pára de acordo com os requisitos das condições do controlo ou da variável de controlo. Se o controlo for contínuo, o regulador dá uma resposta dependente do erro. Esta resposta em alguns sistemas pode causar uma desaceleração constante na saída e a resposta pode não ser suficientemente rápida.

1.4.2 Resposta diferencial

Para além de tornar a correção proporcional ao erro, o regulador pode também responder à taxa de variação do erro, de modo a permitir a previsão da variação na saída.

1.4.3 Resposta integral

Uma resposta integrativa é desejável, uma vez que a correção também depende do tempo que demora o erro, e o processo integrativo é utilizado para melhorar a resposta no estado estacionário (estado de estabilidade). Em geral, o processo diferencial é utilizado para melhorar a resposta num estado de instabilidade.

1.5 Exemplos resolvidos

1. O sistema massa - mola de atrito está ilustrado na Figura (1.22) abaixo. Seja a força P a entrada e o deslocamento y da massa M a saída do sistema. Encontre o operador ou função de transferência para este sistema.

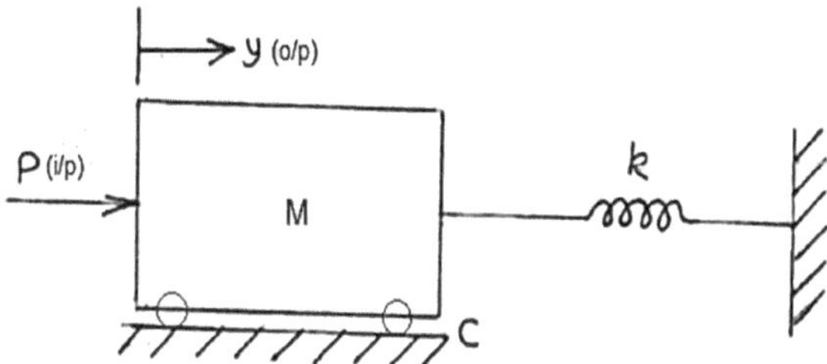

Figura (1.22) Massa - Sistema de molas de atrito

Onde: C é o coeficiente de atrito da massa com a superfície, k é o bloqueio da mola e P é a força aplicada externamente.

A equação de movimento do sistema:

Para equilibrar o sistema (equação de equilíbrio):

$$p - M\,\frac{d^2y}{dt^2} - C\,\frac{dy}{dt} - ky = 0$$

$$p = M\,\frac{d^2y}{dt^2} + C\,\frac{dy}{dt} + ky$$

$$p = MD^2y + CDy + ky$$

$$= y\,\{MD^2 + CD + k\}$$

Transferir operador ou função:

$$T.o = \frac{y}{p} = \frac{1}{MD^2 + CD + k} = \frac{1}{k + CD + \;MD^2}$$

Dividindo o numerador e o denominador por k, obtém-se

$$T.o = \frac{y}{p} = \frac{1/k}{1 + \frac{C}{k}D + \frac{M}{k}D^2}$$

O que corresponde à fórmula padrão de um elemento de desfasamento complexo, que se escreve da seguinte forma

$$T.o = \frac{\theta_o}{\theta_i} = \frac{\mu}{1 + 2\zeta\tau D + \tau^2 D^2}$$

Onde: ζ é a razão de amortecimento do sistema, τ é a constante de tempo, e μ é o ganho do sistema.

2. Determine a função de transferência de um circuito elétrico mostrado na Figura (1.23) abaixo, assumindo que não há carga externa.

Aplicando as leis de Kirchhoff para o circuito acima:

$$V_i = LDI_L + V_o \quad \rightarrow (1)$$

Mas,

$$V_o = I_R R = \frac{1}{CD} I_C \quad \rightarrow (2)$$

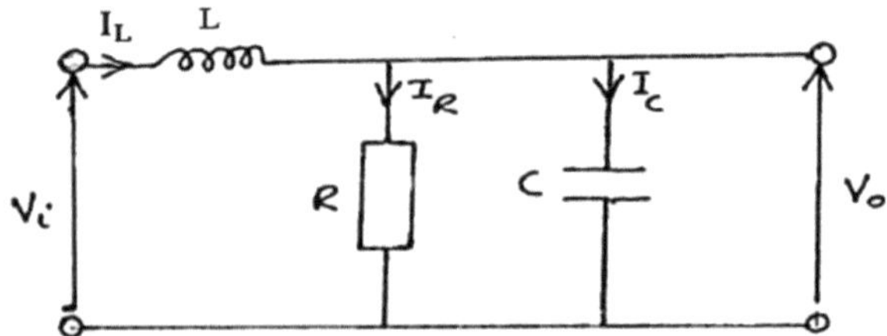

Figura (1.23) um circuito elétrico que contém um indutor, uma resistência e um condensador

Também,

$$I_L = I_R + I_C \quad \rightarrow (3)$$

De acordo com as equações (1) e (3):

$$V_i - V_o = LD\{I_R + I_C\}$$

Da equação (2):

$$I_C = CDV_o \, , I_R = \frac{V_o}{R}$$

$$V_i - V_o = LD\left\{\frac{V_o}{R} + CDV_o\right\}$$

$$V_i - V_o = \frac{L}{R}DV_o + LCD^2V_o$$

$$V_i = V_o\left\{1 + \frac{L}{R}D + LCD^2\right\}$$

Transferir operador ou função:

$$T.o = \frac{V_o}{V_i} = \frac{1}{1 + \frac{L}{R}D + LCD^2} \rightarrow (4)$$

O que é análogo à formulação padrão de um sistema complexo de atraso ou desfasamento.

3. Um acelerómetro mecânico simples, ilustrado na figura (1.24) abaixo. A posição x da massa M em relação à carapaça do acelerómetro é proporcional à aceleração da carapaça. Determine a função de transferência entre a aceleração de entrada e a saída x.

A solução:

Equação de movimento:

Neste exemplo, a soma das forças que actuam sobre a massa M é igual à força de inércia da massa M.

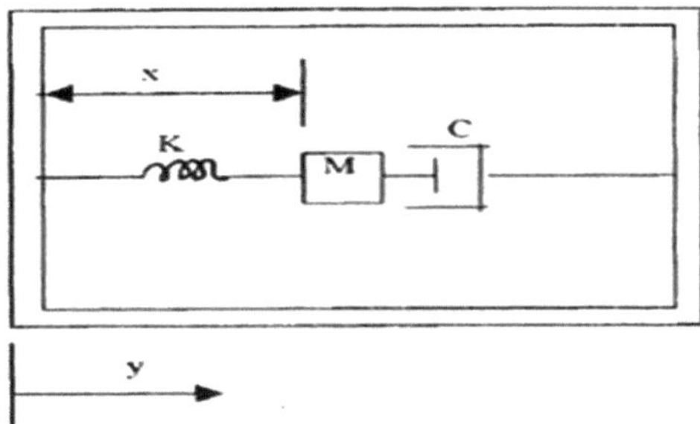

Figura (1.24) Um acelerómetro mecânico simples

$$\frac{Md^2(x-y)}{dt^2} + C\frac{dx}{dt} + kx = 0 \quad \rightarrow (1)$$

A equação (1) passa então a ser:

$$\frac{Md^2x}{dt^2} + C\frac{dx}{dt} + kx = \frac{Md^2y}{dt^2} = Ma \quad \rightarrow (2)$$

Em que a aceleração de entrada é a seguinte:

$$a = \frac{d^2y}{dt^2}$$

$$MD^2x + CDx + kx = Ma$$

$$x\{MD^2 + CD + k\} = Ma$$

Transferir operador ou função:

$$T.o = \frac{x}{a} = \frac{M}{k + CD + MD^2}$$

Dividindo o numerador e o denominador por k, obtém-se

$$T.o = \frac{M/k}{1 + \frac{C}{k}D + \frac{M}{k}D^2}$$

4. A figura (1.25) abaixo mostra uma placa cuja massa pode ser ignorada apoiada numa mola helicoidal cuja tensão é de 200 N/m. Um amortecedor de vibrações que oferece uma resistência de 50 N / (m /s) intercepta o movimento da placa. Encontre a função de transferência e, em seguida, a constante de tempo do sistema e o ganho do sistema.

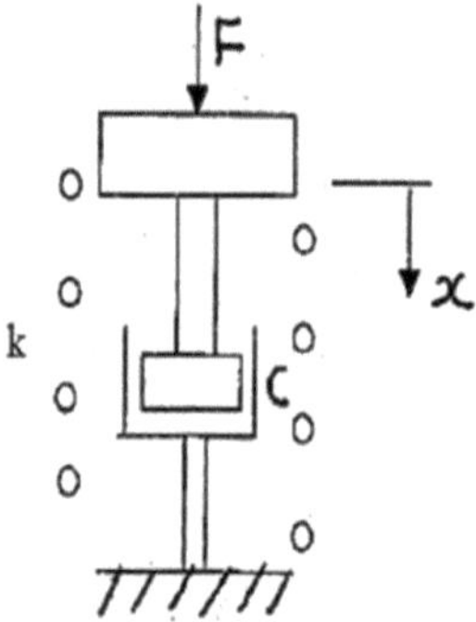

Figura (1.25) Uma placa cuja massa pode ser ignorada apoiada numa mola helicoidal

Equação de movimento:

$$F - kx - Cx^0 = 0$$

$$F - kx - CDx = 0$$

$$F = kx + CDx = x\{k + CD\}$$

$$\therefore T.o = \frac{x}{F} = \frac{1}{k + CD}$$

$$= \frac{1}{200 + 50D} = \frac{0.005}{1 + 0.25D}$$

O que corresponde à fórmula padrão para o desfasamento exponencial:

$$\frac{\mu}{1 + \tau D}$$

A constante de tempo τ = 0,25 s e o ganho do sistema é k = 0,005.

5. Encontre a função de transferência do sistema mecânico mostrado na Figura (1.26) abaixo:

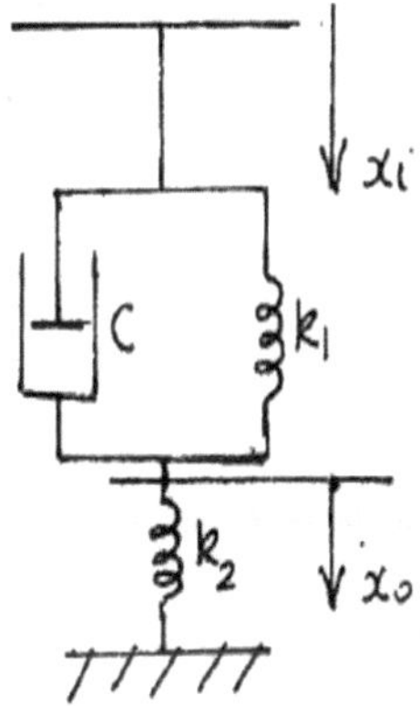

Figura (1.26) Sistema mecânico

A equação de movimento do sistema:

$$k_1\{x_i - x_o\} + C\{x_i^o - x_o^o\} - k_2 x_o = 0$$

$$k_1\{x_i - x_o\} + C\{Dx_i - Dx_o\} = k_2 x_o$$

$$k_1 x_i - k_1 x_o + CDx_i - CDx_o = k_2 x_o$$

$$k_1 x_i + CDx_i = k_1 x_o + CDx_o + k_2 x_o$$

$$x_i\{k_i + CD\} = x_o\{k_1 + k_2 + CD\}$$

Transferir operador ou função:

$$\frac{x_0}{x_i} = \frac{k_1 + CD}{k_1 + k_2 + CD}$$

6. A figura (1.27) abaixo mostra um tanque com a quantidade de água que entra nele Q_i e saindo deleQ_o. O nível da água é controlado por uma válvula que regula a sua posição através de um flutuador que pode ser ajustado por meio de um parafuso regulável. O caudal de água que entra no tanque é proporcional ao movimento (deslocamento) do flutuador, e o caudal de água que sai do tanque pode ser considerado proporcional ao nível da água no tanque, quando a variação do nível é pequena.

Indicar a relação entre a altura real ou a altura do nível da água e a altura necessária quando se altera a regulação do parafuso.

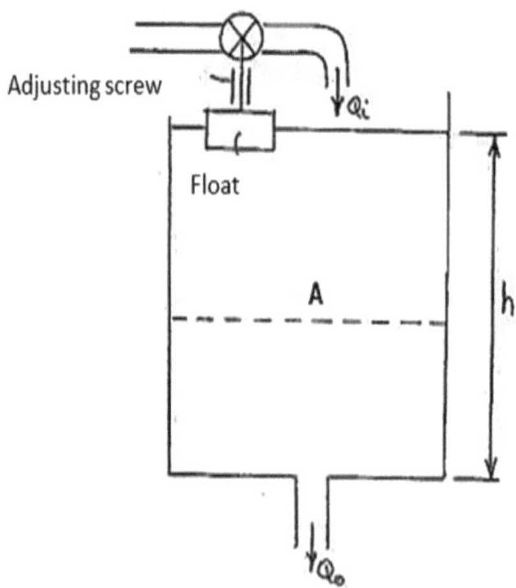

Figura (1.27) Relação entre a altura real do nível de água e a altura requerida ou desejada ao alterar a regulação do parafuso

A solução:

Seja a altura real do nível da água h_o

A altura necessária é h_i

Por conseguinte, a alteração do nível é $h_i - h_o$

Como a quantidade de água que entra no tanque é proporcional ao movimento da boia, então:

$$Q_i \alpha (h_i - h_o)$$

$$\therefore Q_i = C_1 (h_i - h_o)$$

Em que C_1 é uma constante

Além disso, a quantidade de água que sai do reservatório é proporcional à altura do nível de água no mesmo, o que significa que:

$$Q_o \alpha h_o$$

$$\therefore Q_o = C_2 h_o$$

Em que C_2 é uma constante

Da equação da continuidade do fluxo,

$$Q_i - Q_o = Av = A\frac{dh_o}{dt} = ADh_o$$

Sendo A = a área da secção transversal do reservatório.

$$\therefore C_1(h_i - h_o) - c_2 h_o = ADh_o$$

$$C_1 h_i - c_1 h_o - c_2 h_o = ADh_o$$

$$C_1 h_i = c_1 h_o + c_2 h_o + ADh_o$$

$$C_1 h_i = h_o\{C_1 + C_2 + AD\}$$

Transferir operador ou função:

$$\frac{h_0}{h_i} = \frac{C_1}{C_1 + C_2 + AD}$$

Em alternativa, é expressa da seguinte forma:

$$\left\{\frac{h_o}{h_i} = \frac{1}{1 + \frac{C_2}{C_1} + \frac{A}{C_1}D}\right\}$$

7. A figura (1.28) abaixo mostra uma prensa hidráulica que é controlada por uma válvula com um anel alternativo. Quando a válvula está na posição intermédia, o fluxo pára em ambas as extremidades do cilindro. A área seccional do pistão é de 0,003 m^2 e quando a válvula se move da sua posição intermédia, a taxa de fluxo de óleo para o cilindro é de 0,01m^3 /s por cada metro que a válvula se move.

Explicar que a função de transferência é da forma k/ (1+τD), indicando as hipóteses adequadas, e depois encontrar os valores de k, τ.

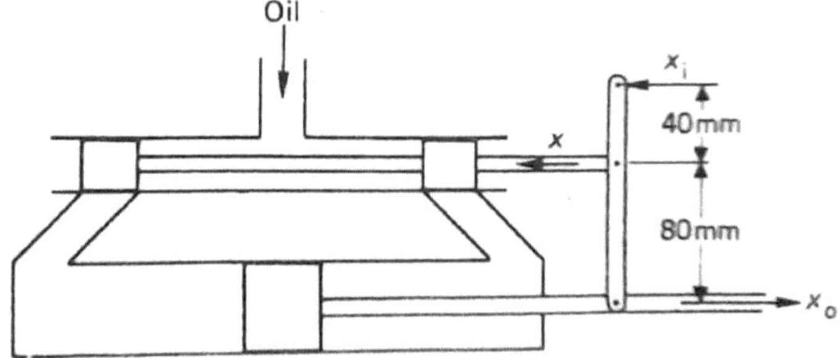

Figura (1.28) uma Prensa Hidráulica que é controlada por uma Válvula com um Anel Recíproco

Assumimos que Q é a taxa de fluxo de fluido dos orifícios e x é o deslocamento líquido da válvula.

$$\therefore Q = 0.01xm^3/s$$

$x = e^+ - e^-$ ، deslocamento líquido da válvula

Utilizar triângulos semelhantes: $\frac{e^+}{x_i} = \frac{80}{120}$

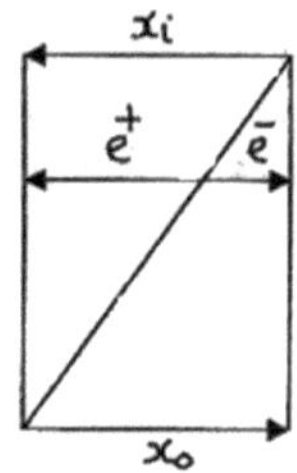

$$\therefore e^+ = \frac{80}{120}x_i$$

$e^- = \frac{40}{120}x_0$ Da mesma forma,

$$\therefore x = \frac{80}{120}x_i - \frac{40}{120}x_o$$

$$= \frac{40}{120}(2x_i - x_o) = \frac{1}{3}(2x_i - x_o)$$

$$\therefore Q = \frac{0.01}{3}(2x_i - x_o) \rightarrow (1)$$

Utilizando a equação da continuidade,

$$Q = Av = A\frac{dx_0}{dt} = ADx_o = 0.003Dx_o \quad \rightarrow (2)$$

Equacionando as equações (1) e (2):

$$\frac{0.01}{3}(2\mathrm{x_i} - \mathrm{x_o}) = 0.003Dx_o$$

$$\frac{0.02}{3}\mathrm{x_i} - \frac{0.01}{3}\mathrm{x_o} = 0.003Dx_o$$

$$\frac{0.02}{3}\mathrm{x_i} = \left(\frac{0.01}{3} + 0.003\mathrm{D}\right)x_0$$

$$\therefore T.0 = \frac{X_0}{X_i} = \frac{\frac{0.02}{3}}{\frac{0.01}{3} + 0.003D}$$

Dividindo o numerador e o denominador por 0,01/3.

$$\frac{x_0}{\mathrm{x_i}} = \frac{2}{1 + 0.9\mathrm{D}}$$

Esta relação tem a mesma forma que K/ (1+τD).

Onde: k = 2, e a constante de tempo τ = 0,9S.

Os valores por defeito ou pressupostos adequados são negligenciar a inércia das partes móveis, bem como negligenciar a fuga de óleo e a compressibilidade.

8. A figura (1.29) abaixo mostra um servomecanismo pneumático, em que uma válvula de borboleta movida por uma alavanca controla o fluxo de ar para o cilindro. O movimento da válvula, y, é igual a metade do movimento da junta x, e a área do pistão é igual a 1600 mm^2 . A taxa de fluxo de ar no cilindro pode ser encontrada a partir da relação Q = 0,01y m^3 /s, onde y está em metros.

Derivar a função de transferência para o conjunto mecânico, encontrando a constante de tempo, negligenciando a área da secção transversal do eixo do pistão.

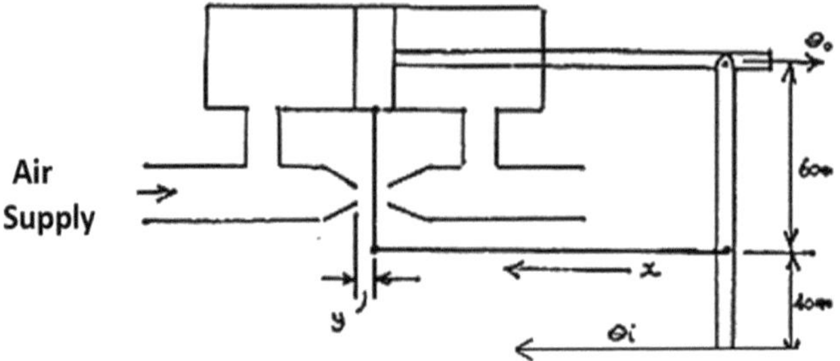

Figura (1.29) um Servomecanismo Pneumático

A solução:

Da geometria da ligação:

$$x = \frac{60}{100} \times \theta_i - \frac{40}{100} \times \theta_o = \frac{3\theta_i - 2\theta_o}{5} m \text{Deslocamento resultante da ligação}$$

$$\therefore y = \frac{x}{2} = \frac{3\theta_i - 2\theta_0}{10} m$$

$$\therefore Q = 0.01\left(\frac{3\theta_i - 2\theta_o}{10}\right) m^3/s \rightarrow (1)$$

Utilizando a fórmula da continuidade,

$$Q = \mathrm{Av} = \mathrm{A}\frac{\mathrm{d}\theta_\mathrm{o}}{\mathrm{dt}} = 1600 \times 10^{-6}\frac{\mathrm{d}\theta_\mathrm{o}}{\mathrm{dt}} \rightarrow (2)$$

Equacionando as equações (1) e (2), obtém-se:

$$0.01\left(\frac{3\theta_i - 2\theta_o}{10}\right) = 0.0016D\theta_o$$

$$3\theta_\mathrm{i} - 2\theta_\mathrm{o} = 1.6D\theta_o$$

$$\therefore T.0 = \frac{\theta_o}{\theta_i} = \frac{3}{2 + 1.6D} = \frac{1.5}{1 + 0.8D}$$

Portanto, a constante de tempo τ é: $\tau = 0.8\ S$

1.6 Problemas adicionais

1. O sistema mostrado na Figura (1.30) abaixo consiste numa barra leve (a sua massa pode ser ignorada) fixada na dobradiça A, um amortecedor cuja resistência viscosa é 40N/m/s ligado no lado B, e uma mola cuja constante é IKN/m suporta a barra no ponto C.

Se o movimento vertical x da vara leva ao seu deslocamento angular de θ. Encontre a razão θ/x para pequenos deslocamentos.

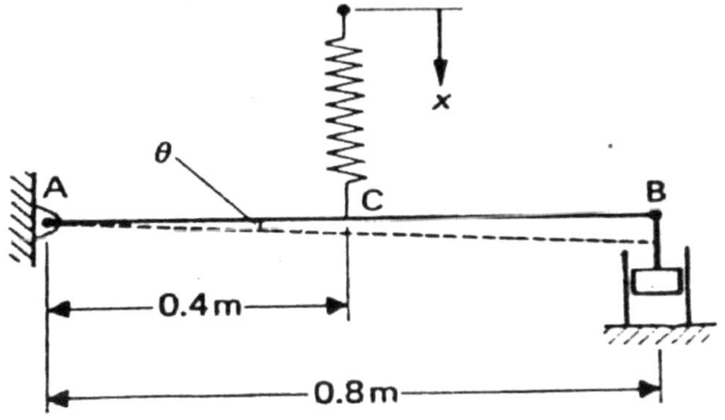

Figura (1.30) Sistema oscilante em torno de uma dobradiça

$Ans. \{2.5/(1 + 0.16D)\}$

2. A Figura (1.31) mostra uma prensa hidráulica que é controlada por uma válvula oscilante (com um movimento recíproco). Quando a válvula está na posição intermédia, o fluxo pára em ambas as extremidades do cilindro. O pistão tem uma área de secção transversal de 005 m^2 , quando a válvula se move da sua posição intermédia, a taxa de fluxo de óleo para o cilindro é de 0,03m^3 /s por cada metro que a válvula se move. Mostre que a função de transferência tem a forma k/ (1+τD) com as suposições apropriadas e, em seguida, encontre os valores de τ e K.

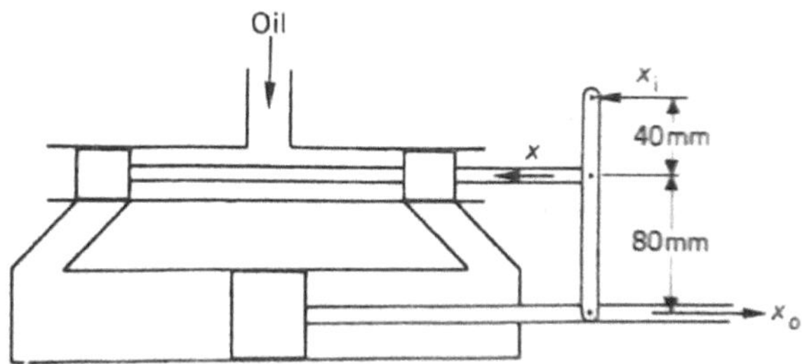

Figura (1.31) Um pistão hidráulico controlado por uma válvula recíproca

$$Ans. \left\{\frac{x_o}{x_i} = \frac{2}{1 + 0.5D}, \qquad k = 2\,, \tau = 0.5s\right\}$$

Os pressupostos adequados são negligenciar a inércia das partes móveis e negligenciar a fuga de óleo e a compressibilidade.

3. A figura (1.32) abaixo mostra um servomecanismo pneumático, em que uma válvula de charneira acionada por uma alavanca controla o fluxo de ar para o cilindro. O curso y da válvula é igual a metade do movimento da junta x e a área do pistão é igual a 3200 mm^2 . A taxa de fluxo de ar para o cilindro pode ser encontrada a partir da relação Q = 0,02y m^3 /s, onde y está em metros. Deduza a função de transferência do mecanismo enquanto encontra a constante de tempo, negligenciando a área da secção transversal do eixo do pistão.

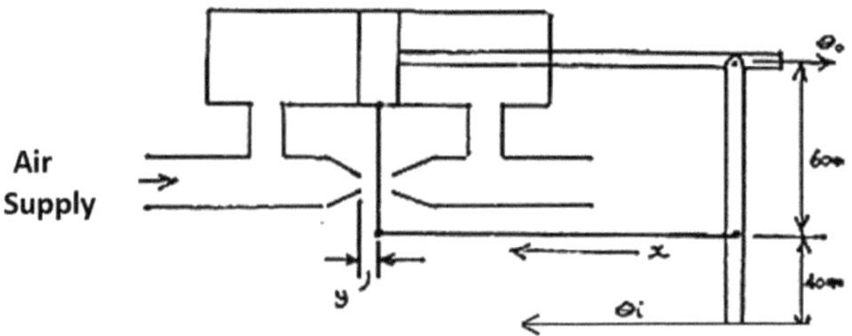

Figura (1.32) um Servomecanismo Pneumático

4. Encontre a função de transferência para o sistema mostrado na Figura (1.33) abaixo:

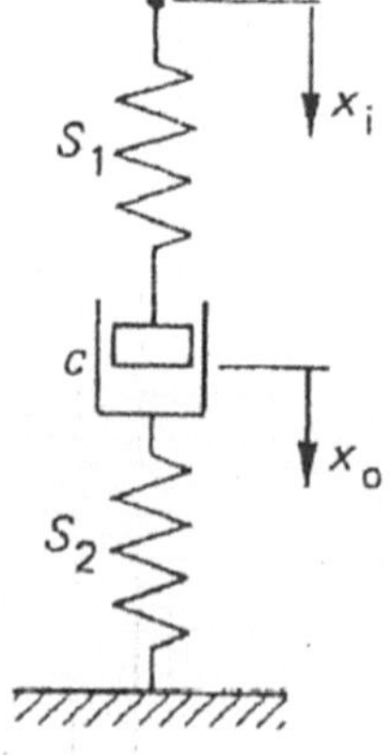

Figura (1.33) um sistema mecânico composto por duas molas e um amortecedor de vibrações

$Ans. \{s_1(CD + s_2)/ [CD (s_1 + s_2) + s_1 s_2]\}$

5. O fluxo de calor na caldeira é igual a1.5 $(\theta_i - \theta_o)$kwem que θ_i é a regulação do regulador e θ_o é a temperatura da caldeira. Se a capacidade térmica (calor específico) da caldeira for igual a 150 kj/° C. Obtenha a função de transferência, o ganho do sistema e a constante de tempo da caldeira.

$$Ans.\ \left\{\frac{\theta_o}{\theta_i} = \frac{1}{1 + 100D}, \qquad k = 1, \tau = 100s\right\}$$

6. Um pequeno lago com uma superfície de$10^4\ m^2$ é alimentado por uma corrente e um açude mede o caudal, sendo o caudal dado por$Q = 5\ h^{3/2}\ m^3\ /\ s$em que h é a altura da água acima do açude, em metros. Obtenha uma relação entre os caudais de entrada e de saída para pequenas variações de h e determine a constante de tempo do sistema.

$$Ans.\left\{\frac{Q_o}{Q_i} = \frac{1}{1 + (400/3\sqrt{h})\ D}, \frac{400}{3}\sqrt{h}\right\}$$

7. Um termómetro de gás tem uma condutividade térmica de 0.02 $w/^o c$ e uma capacidade térmica específica de 0.1 $j/^o c$. Determine a constante de tempo do termómetro.

$$Ans.\ \{\tau = 5s\}$$

8. A figura (1.34) abaixo mostra um reservatório com um caudal volumétrico de entrada Q_i e um caudal volumétrico de saídaQ_o. A profundidade da água h no reservatório é definida como quase constante. Encontre a função de transferência para este sistema e a constante de tempo τ.

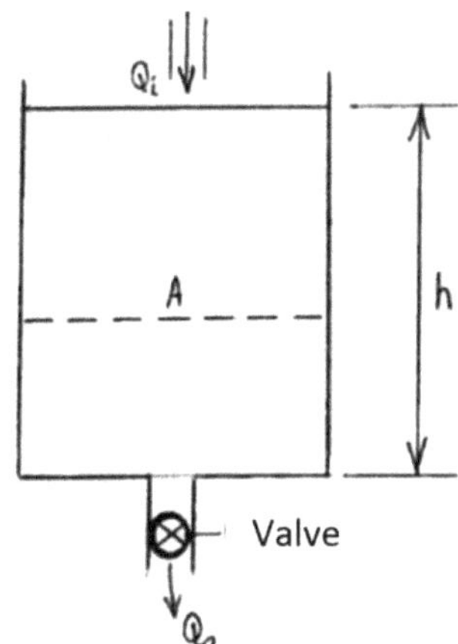

Figura (1.34) Encontrando a função de transferência para um sistema de reservatório

$$Ans.\left\{\frac{Q_o}{Q_i} = \frac{1}{1+ARD} \text{ ‘ } AR\right\}$$

9. Um rotor com um momento de inércia j (kg m^2) acoplado a um amortecedor viscoso requer um binário de$F(N.m.rad^{-1}s)$. Desenhe um diagrama de blocos entre a velocidade angular do rotor ω$(rad\ s^{-1})$ e o binário aplicado $T(N.m)$e, assim, obter a função de transferência entre estas duas variáveis.

$$Ans.\left\{\frac{\omega}{T} = \frac{1}{C+ID} \quad or \quad \frac{1/C}{1+\frac{I}{C}D}\right\}$$

10. O sistema de massa, amortecedor e mola apresentado na Figura (1.35) representa a trajetória de avanço de um sistema de controlo em malha fechada. O sinal de erro ε é a entrada da peça mostrada. Determine as funções do caminho à frente para este sistema.

A/ Se θ_1 é a saída.

B/ se θ_2 é a saída.

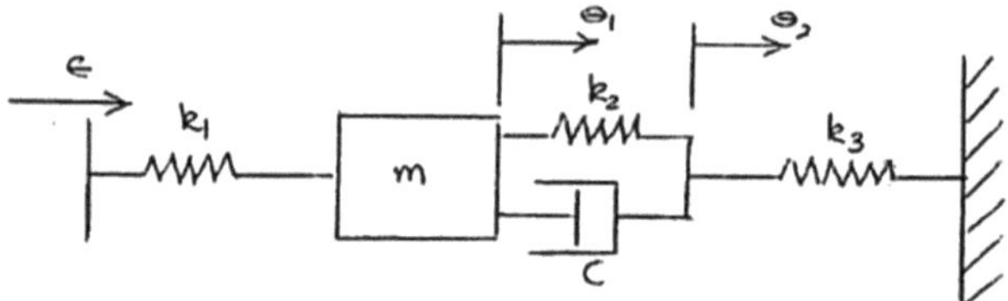

Figura (1.35) A trajetória de um sistema de controlo em circuito fechado para uma massa, um amortecedor e uma mola

11. A figura (1.36) mostra um sistema elétrico que combina condensadores e resistências. Encontre o seu operador de transferência ou função de transferência.

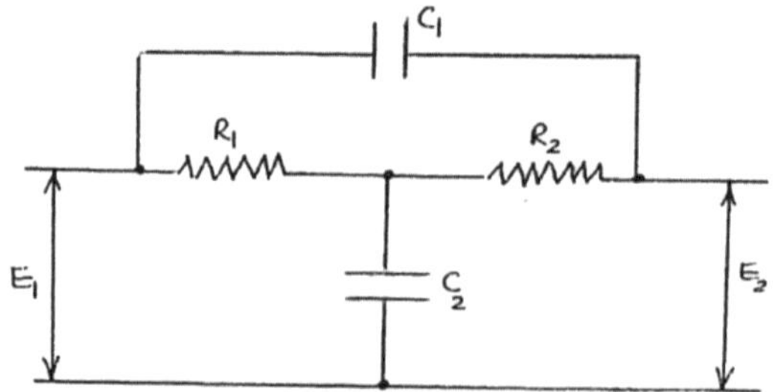

Figura (1.36) Encontrar a função de transferência para um sistema elétrico

12. A figura (1.37) mostra um relé hidráulico ligado a uma mola, uma massa e um amortecedor. A taxa de fluxo de óleo no cilindro de pistão é q vezes o deslocamento da válvula. Encontre a função de transferência para este sistema.

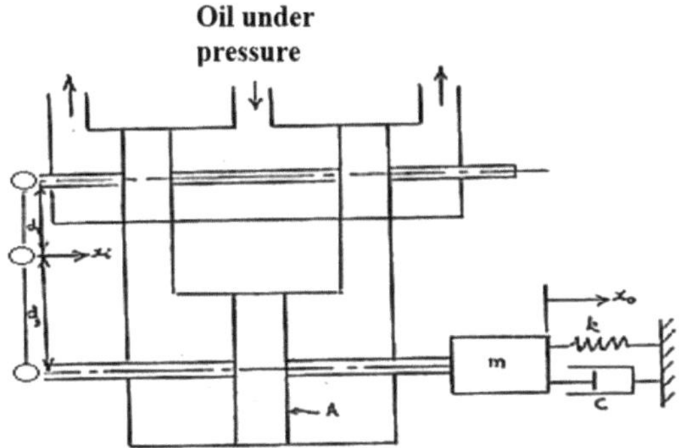

Figura (1.37) um relé hidráulico ligado a uma mola, massa e amortecedor

13. Os dados seguintes referem-se a um servomotor DC (d.c.):

Momento de inércia = $\times 410^{-4}$ kgm^2

Coeficiente de atrito viscoso = $\times 1010^{-4}$ N.m/ (rad/s)

Constante de binário = 2,4 N.m /I_f .

Em que I_f é a corrente de campo.

Obtenha uma expressão para a função de transferência do motor em termos da corrente de campo e da velocidade angular do veio de saída e, em seguida, obtenha o ganho do sistema e a constante de tempo mecânica do motor.

Ans. $\left\{ \frac{\omega}{I_f} = \frac{2400}{1+0.4D}; \mu = 2400; \tau = 0.4s \right\}$

14. Um motor elétrico com inércia do seu elemento de produção de 0,1 kgm^2 acciona uma carga de inércia de 90 kgm^2 através de um conjunto de engrenagens sem atrito. O binário do motor pode ser considerado independente da velocidade, e o seu valor é 20 N.m.

Encontre a relação de dentes da engrenagem que dá a aceleração máxima à carga e o tempo necessário para atingir uma velocidade de 50 rad/s a partir do repouso. Derivar todas as fórmulas utilizadas.

Ans. $\{30:1;\ 0.5s\}$

15. Uma estação de tratamento consiste em dois reservatórios (i.e. superior e inferior) com áreas seccionais A_2 e A_1 , respetivamente, como mostra a Figura (1.38) abaixo. Dado que o caudal no reservatório superior é Q_3 , encontre a função de transferência que relaciona este caudal com o nível no reservatório inferior. Cada tanque possui uma resistência R em sua tubulação de saída. Considere:

$$\frac{h}{R} = \frac{head}{\text{resistance}} = Q$$

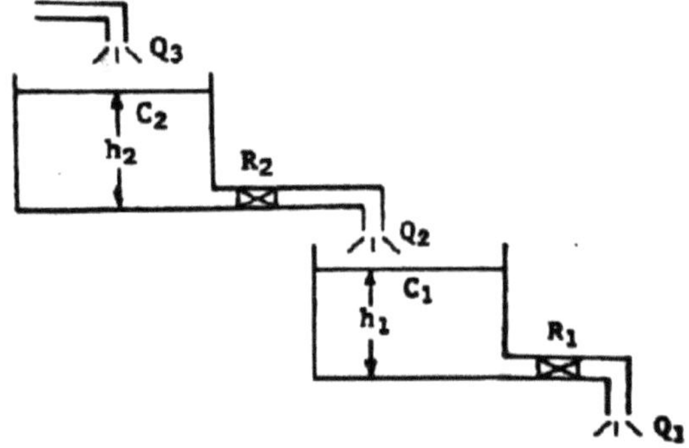

Figura (1.38) Uma estação de tratamento constituída por dois tanques

Ans. $\left\{\frac{h_1}{Q_3} = \frac{R_1}{(1+R_1A_1D)(1+R_2A_2D)}\right\}$

16. A figura (1.39) mostra um sistema elétrico. Encontre a sua função de transferência ou operador de transferência.

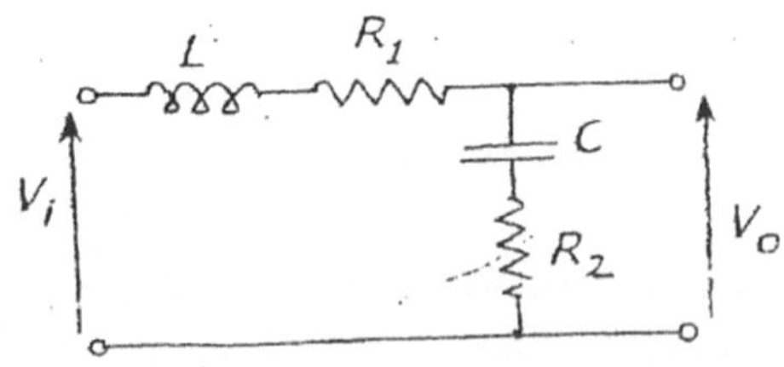

Figura (1.39) um sistema elétrico

17. A figura (1.40) mostra um sistema mecânico constituído por uma massa, uma mola e um amortecedor de vibrações. Encontre o seu operador ou função de transferência.

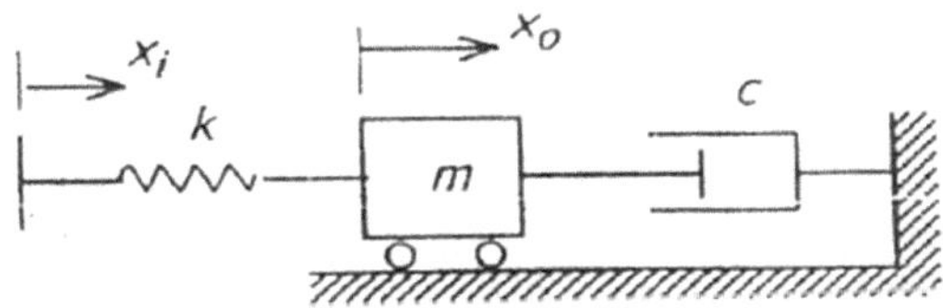

Figura (1.40) Um sistema mecânico constituído por uma massa, uma mola e um amortecedor de vibrações

18. A figura (1.41) abaixo mostra uma secção de um depósito que fornece água quente a uma casa. O objetivo do reservatório é controlar automaticamente o nível da água no sistema para evitar que desça demasiado abaixo da linha de enchimento. O nível de água no reservatório desce em resultado da retirada de água do sistema (escoamento) e, consequentemente, a boia, o braço e a alavanca rodam em torno do seu eixo de rotação, permitindo assim a entrada da água principal para substituir a água retirada e manter o nível a que a boia fecha a válvula de fluxo de entrada.

A/ A partir do diagrama de blocos de base dos sistemas de medição, deduzir o diagrama de blocos para este sistema.

B/ Como é que a entrada de referência pode ser alterada.

C/ De que elementos é composto o sistema de circuito aberto correspondente.

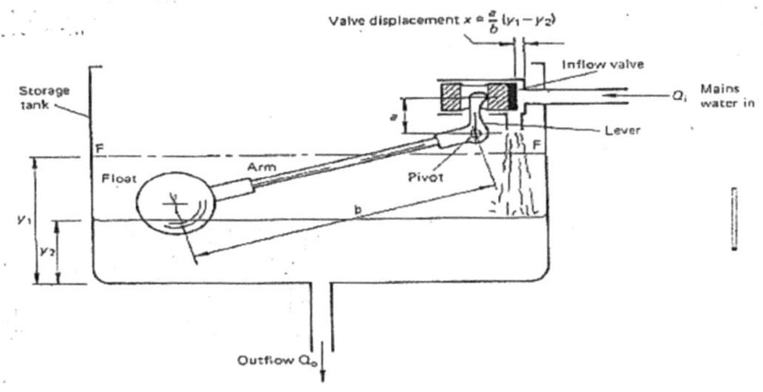

Figura (1.41) Secção de um tanque que fornece água quente a uma casa

9. Um sistema de controlo de posição que controla o deslocamento angular da carga aplicando um binário diretamente proporcional ao erro (ou seja, a diferença entre a entrada θ_i e a saídaθ_o), como mostra a figura (1.42). Encontre a função de transferência para este sistema.

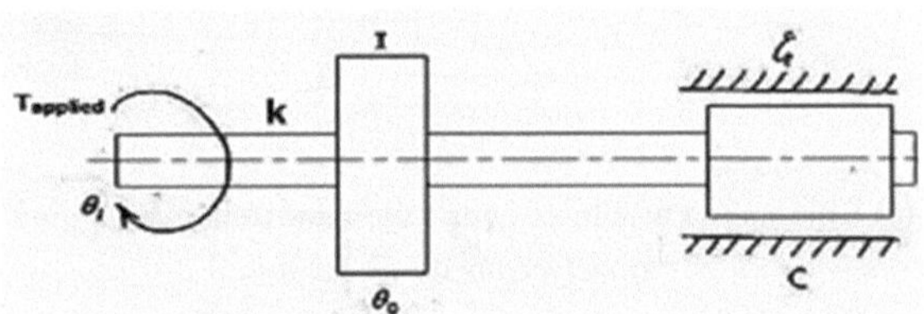

Figura (1.42) Um sistema de controlo de posição que controla o deslocamento angular da carga

20. A figura (1.43) mostra um sistema mecânico constituído por uma mola, uma massa e dois amortecedores de vibrações. Encontre o operador ou função de transferência para este sistema.

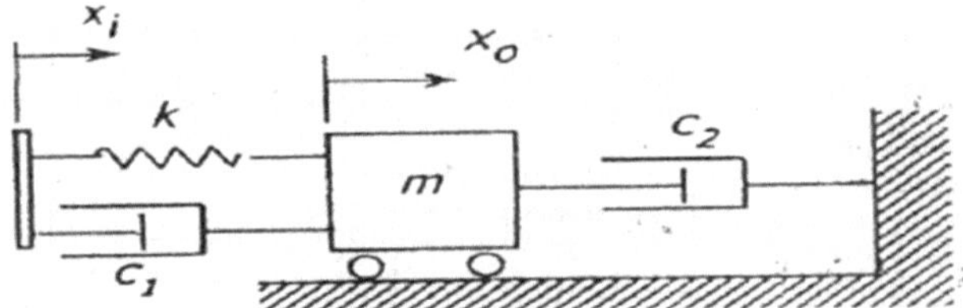

Figura (1.43) Um sistema mecânico constituído por uma mola, uma massa e dois amortecedores de vibrações

21. A figura (1.44) mostra um sistema elétrico constituído por um condensador e duas resistências. Encontre o seu operador ou função de transferência.

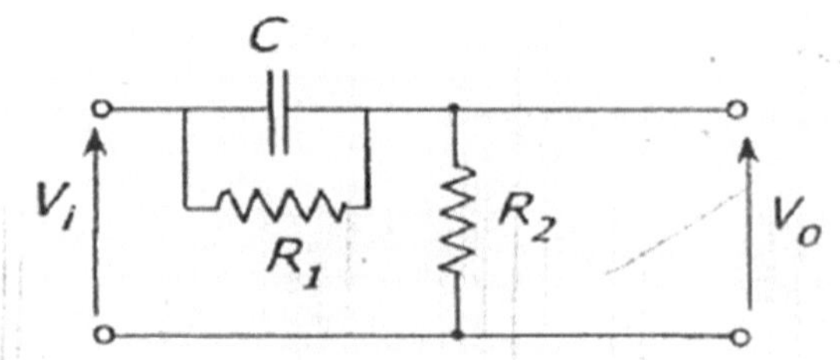

Figura (1.44) um sistema elétrico constituído por um condensador e duas resistências

22. A figura (1.45) mostra um sistema mecânico constituído por uma massa rotativa montada numa coluna com um suporte simples na sua extremidade inferior. Encontre o seu operador ou função de transferência.

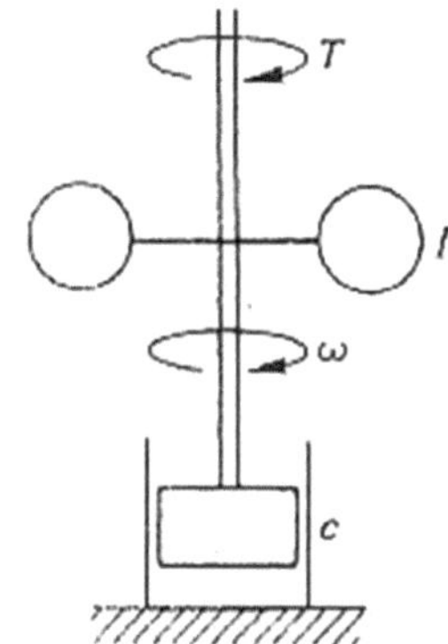

Figura (1.45) um sistema mecânico constituído por uma massa rotativa montada numa coluna e um suporte simples na sua cxtremidade inferior

23. Escreva as equações diferenciais para o sistema mecânico mostrado na Figura (1.46) abaixo e encontre a função de transferência para este sistema.

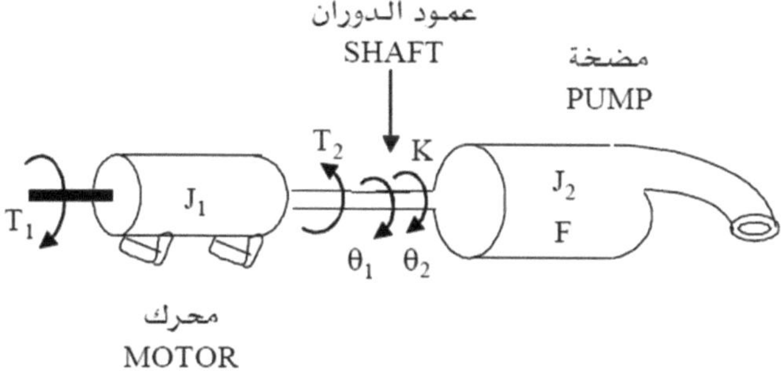

Figura (1.46) Escrevendo Equações Diferenciais para o Sistema Mecânico Mostrado com a Determinação da Função de Transferência para este Sistema

Ans.

$$T_1 = (J_1 s^2 + K)\theta_1 - K\theta_2$$

$$\theta_0 = K\theta_1 + (Js^2 + Fs + K)\theta_2$$

Capítulo II

Diagramas de blocos ou de caixas

2.1 Utilização da álgebra em diagramas de blocos

O diagrama funcional de um sistema mostra como os diferentes componentes estão ligados, bem como as funções de transferência individuais escritas nas respectivas caixas. Assim, a função de transferência global do sistema pode ser encontrada através da recolha das funções dos seus elementos. Segue-se uma explicação: As funções de transferência dos elementos nos caminhos para frente serão marcadas com a letra G, enquanto as funções dos elementos na direção do feedback (caminhos de feedback) serão marcadas com a letra H.

2.1.1 Elementos em série ou em cascata

A figura (2.1) abaixo mostra três elementos ligados em série (ou seja, a saída do primeiro elemento é a entrada do segundo elemento).

A saída de cada elemento é afetada de acordo com o seu operador de transferência ou função de transferência e, por conseguinte, o operador de transferência total ou função de transferência é o produto dos valores individuais das funções de transferência, ou seja

$$\frac{\theta_0}{\theta_i} = G_1 \times G_2 \times G_3$$

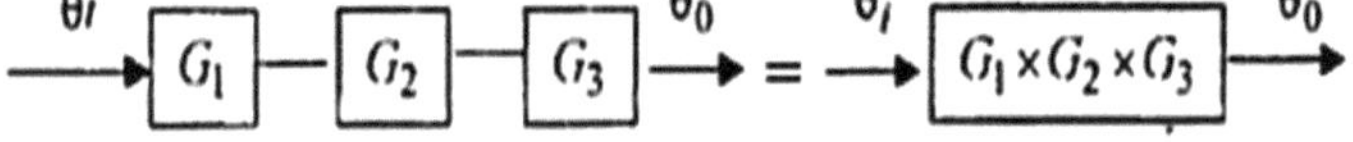

Figura (2.1) Elementos ligados em série

2.1.2 Elementos em paralelo

A figura (2.2) abaixo mostra o número de três elementos ligados em paralelo.

Neste caso, cada um dos três elementos é alimentado com a mesma entradaθ_ie, portanto, a saída é a soma dos valores de saída de cada elemento, ou seja

$$\frac{\theta_0}{\theta_i} = G_1 + G_2 + G_3$$

O símbolo ⊗ indica um ponto de soma ou de agregação com uma indicação do sinal incluído.

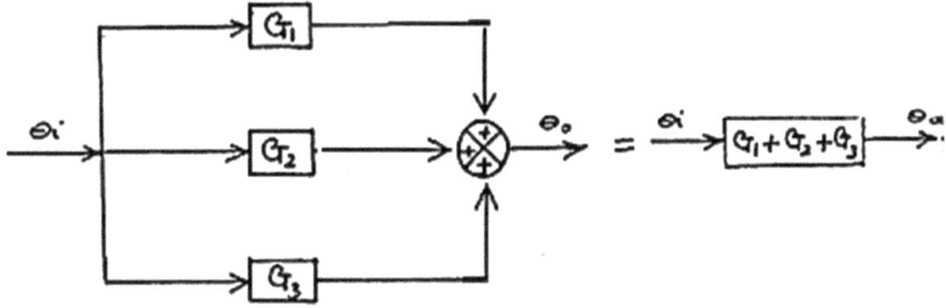

Figura (2.2) Elementos ligados em paralelo

2.1.3 Sistema de feedback do Unity

A figura (2.3) abaixo mostra um sistema de feedback unitário.

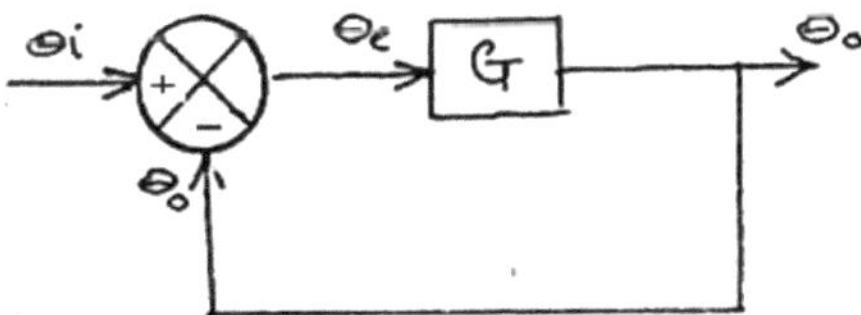

Figura (2.3) um Sistema de Feedback Unitário

Neste caso, o sinal θ_i é introduzido na entrada do sistema, e assim a diferença$(\theta_i - \theta_o)$que está marcada com o símboloθ_eé afetada apenas pelo elemento. Assim:

$$\theta_o = G\theta_e = G(\theta_i - \theta_o)$$

$$\theta_o = G\theta_i - G\theta_o$$

$$\theta_o + G\theta_i = G\theta_i$$

$$\theta_o[1 + G] = G\theta_i$$

Função de transferência ou operador:

$$\frac{\theta_0}{\theta_i} = \frac{G}{1 + G}$$

2.1.4 O sistema de feedback que é intercetado por um componente no percurso de retorno

A figura (2.4) abaixo mostra um sistema que está obstruído por um elemento no caminho de volta.

Neste caso, o sinal θ_o O sinal é modulado ou modificado na direção de retorno pelo elemento H para dar o $H\theta_o$ para dar o sinal no ponto de recolha ou de soma. Assim, o sinal de erro θ_e que é alimentado ao elemento no caminho para a frente é$(\theta_i - H\theta_o)$.

Por conseguinte:

$$\theta_o = G\theta_e = G(\theta_i - H\theta_o)$$

$$\theta_o = G\theta_i - GH\theta_o$$

$$\theta_o + GH\theta_i = G\theta_i$$

$$\theta_o[1 + GH] = G\theta_i$$

Entre eles, encontramos que:

$$T.o = \frac{\theta_0}{\theta_i} = \frac{G}{1 + GH}$$

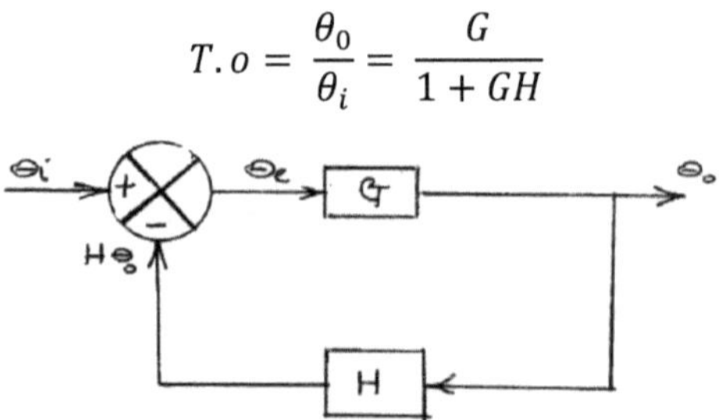

Figura (2.4) um sistema que é obstruído por um elemento no caminho de volta

2.2 Exemplos resolvidos

1. Encontre o operador ou função de transferência para o sistema mostrado na Figura (2.5) abaixo:

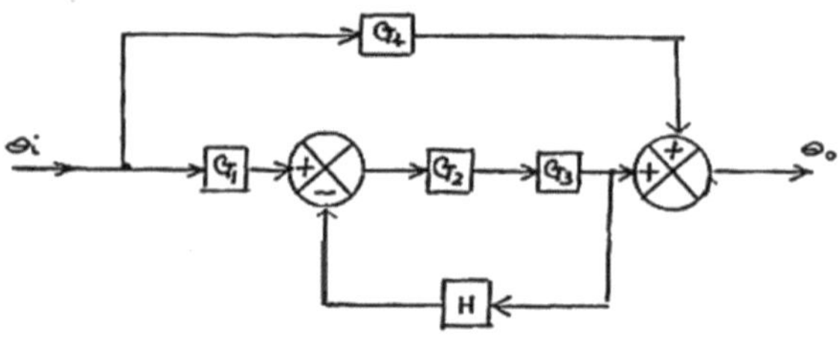

Figura (2.5) Encontrar o operador de transferência ou função para o sistema mostrado no desenho

A solução:

Saída do componente $G_1 = G_1\theta_i$.

Saída do componente $G_4 = G_4\theta_i$.

ElementosG_2 e G_3 são elementos ligados em série. Assim, podem ser multiplicados e combinados num bloco, como mostra a figura abaixo.

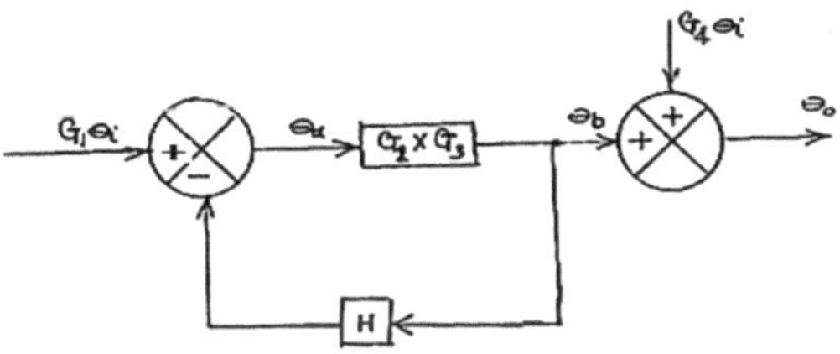

$$\theta_b = \theta_a G_2 G_3$$

$$\theta_a = G_1\theta_i - H\theta_b$$

$$\therefore \theta_b = (G_1\theta_i - H\theta_b)G_2G_3$$

$$\theta_b = G_1G_2G_3\theta_i - G_2G_3H\theta_b$$

$$\theta_b + G_2G_3H\theta_b = G_1G_2G_3\theta_i$$

$$\theta_b(1 + G_2G_3H) = G_1G_2G_3\theta_i$$

$$\theta_b = \frac{G_1G_2G_3}{1 + G_2G_3H}\theta_i$$

$$\theta_o = \theta_b + G_4\theta_i$$

$$\therefore \theta_o = \frac{G_1G_2G_3}{1 + G_2G_3H}\theta_i + G_4\theta_i$$

$$\therefore \theta_o = \theta_i\left\{\frac{G_1G_2G_3}{1 + G_2G_3H} + G_4\right\}$$

Por conseguinte, a função de transferência ou operador:

$$\frac{\theta_o}{\theta_i} = \frac{G_1G_2G_3}{1 + G_2G_3H} + G_4 = \frac{G_1G_2G_3 + G_4 + G_2G_3G_4H}{1 + G_2G_3H}$$

2. Derive o operador ou função de transferência para o sistema mostrado na Figura (2.6) abaixo:

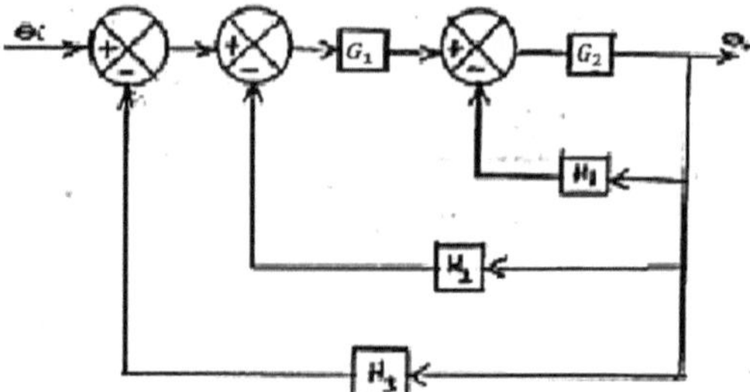

Figura (2.6) Derivação do operador ou função de transferência para o sistema mostrado no desenho

A solução:

Começa a partir da função de transferência na extrema direita da figura, como mostra a figura abaixo.

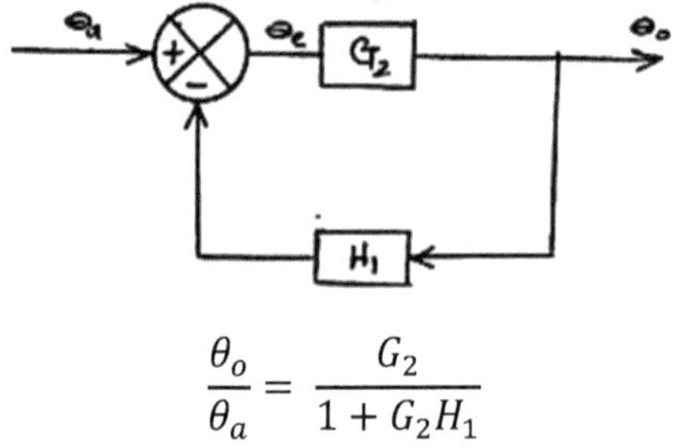

$$\frac{\theta_o}{\theta_a} = \frac{G_2}{1 + G_2 H_1}$$

Depois, passa-se à função seguinte.

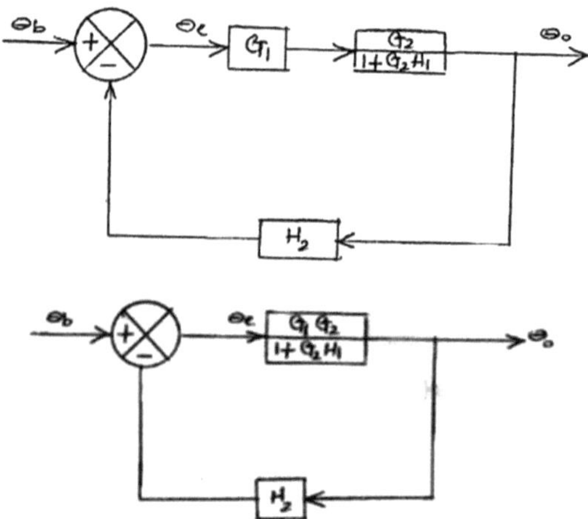

$$\frac{\theta_o}{\theta_b} = \frac{\dfrac{G_1 G_2}{1 + G_2 H_1}}{1 + \dfrac{G_1 G_2 H_1}{1 + G_2 H_1}} = \frac{\dfrac{G_1 G_2}{1 + G_2 H_1}}{\dfrac{1 + G_2 H_1 + G_1 G_2 H_2}{1 + G_2 H_1}} = \frac{G_1 G_2}{1 + G_2 H_1 + G_1 G_2 H_2}$$

Em seguida, passe finalmente para a função situada na extremidade esquerda da figura.

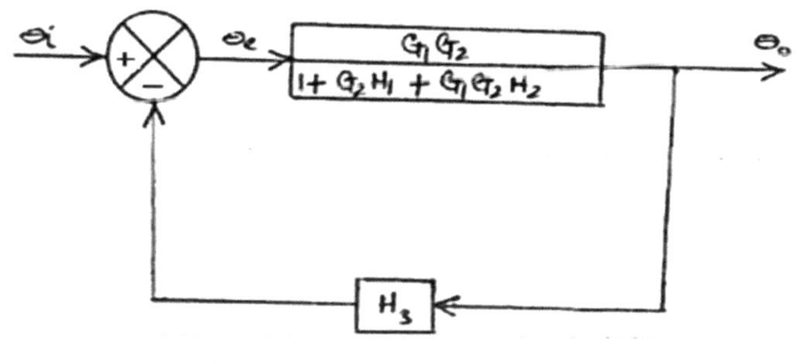

$$\frac{\theta_o}{\theta_i} = \frac{\dfrac{G_1 G_2}{1 + G_2 H_1 + G_1 G_2 H_2}}{1 + \dfrac{G_1 G_2 H_3}{1 + G_2 H_1 + G_1 G_2 H_2}} = \frac{\dfrac{G_1 G_2}{1 + G_2 H_1 + G_1 G_2 H_2}}{\dfrac{1 + G_2 H_1 + G_1 G_2 H_2 + G_1 G_2 H_3}{1 + G_2 H_1 + G_1 G_2 H_2}}$$

$$= \frac{G_1 G_2}{1 + G_2 H_1 + G_1 G_2 H_2 + G_1 G_2 H_3}$$

Por conseguinte, a função de transferência ou operador:

$$\frac{\theta_o}{\theta_i} = \frac{G_1 G_2}{1 + G_2 H_1 + G_1 G_2 H_2 + G_1 G_2 H_3}$$

3. Determine, usando o Princípio da Superposição, a saída θ_0 do sistema mostrado na Figura (2.7) abaixo que é exposto a dois sinais de entrada θ_i' e θ_i''.

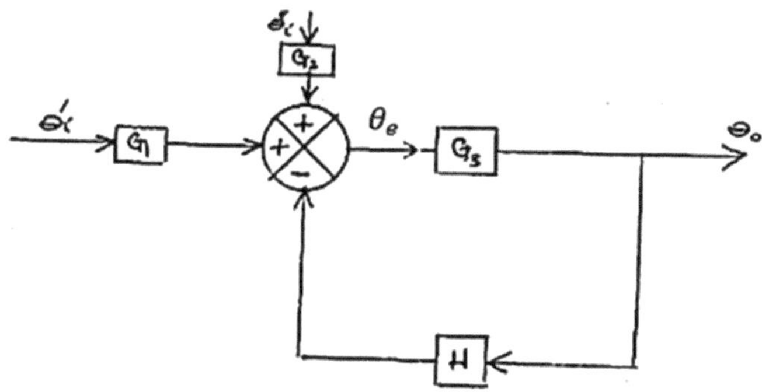

Figura (2.7) Usando o princípio da superposição, encontre a saída do sistema mostrado no desenho

A solução:

Para resolver este problema, é utilizada a lei da sobreposição, uma vez que existem duas entradas e uma saída.

A/ Supondo que a entrada θ_i'' é zero eθ_o' é a saída deθ_i':

$$\frac{\theta_o'}{G_1\theta_i'} = \frac{G_3}{1+\ G_3H}$$

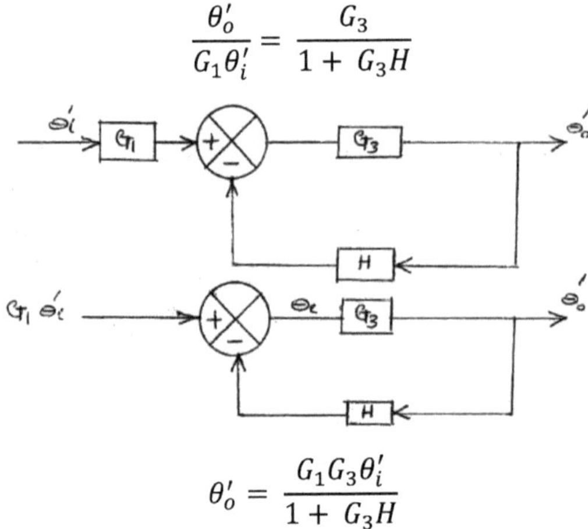

$$\theta_o' = \frac{G_1G_3\theta_i'}{1+\ G_3H}$$

B/ Supondo que a entrada θ_i' é zero e a saída de θ_i'' éθ_o'':

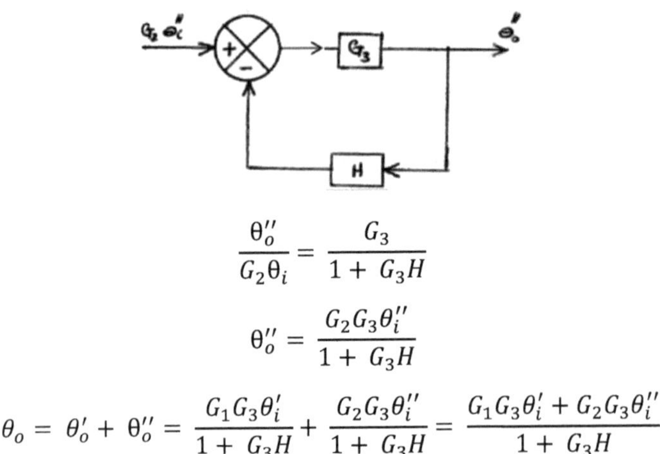

$$\frac{\theta_o''}{G_2\theta_i} = \frac{G_3}{1+\ G_3H}$$

$$\theta_o'' = \frac{G_2G_3\theta_i''}{1+\ G_3H}$$

$$\theta_o =\ \theta_o' +\ \theta_o'' = \frac{G_1G_3\theta_i'}{1+\ G_3H} + \frac{G_2G_3\theta_i''}{1+\ G_3H} = \frac{G_1G_3\theta_i' + G_2G_3\theta_i''}{1+\ G_3H}$$

4. Redesenhe o diagrama de blocos da Figura (2.8) abaixo para obter uma relação entre θ_i eθ_o.

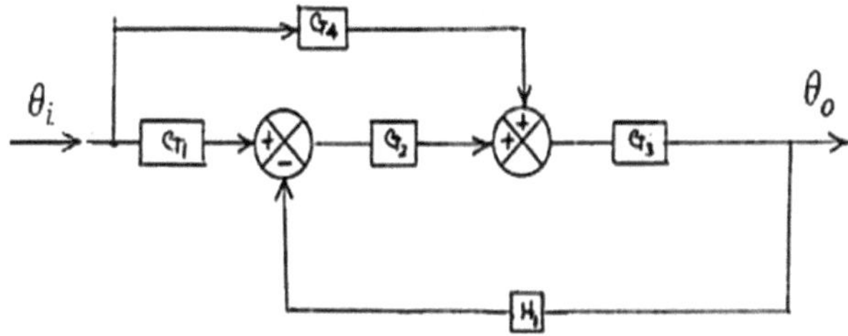

Figura (2.8) Redesenhar o diagrama de blocos no desenho

A solução:

Reorganizando o diagrama acima:

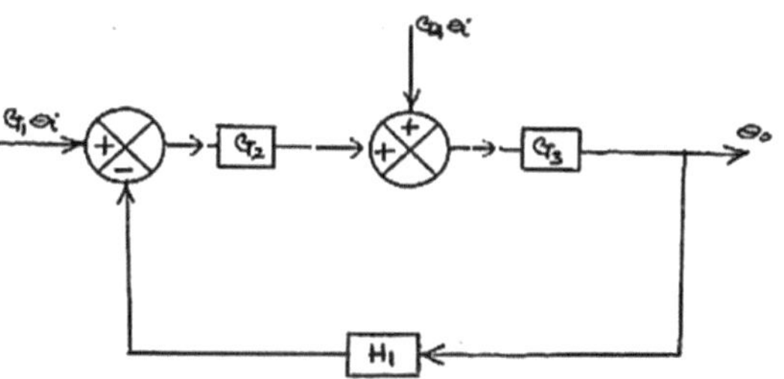

Utilizando a lei da sobreposição:

I. Assumimos que G_4 θ_i é zero e que θ_o' é a saída de G_1 θ_i .

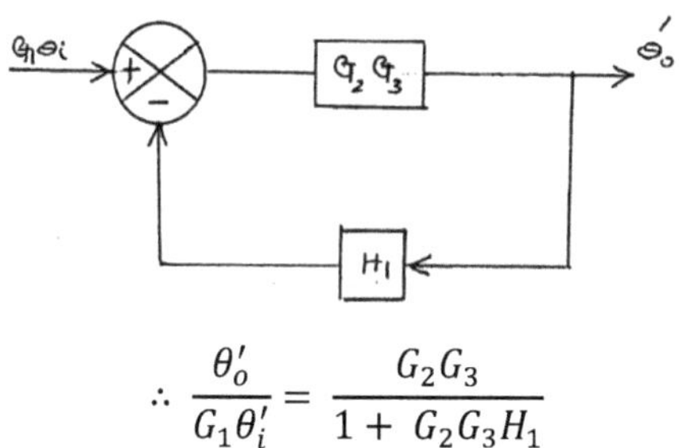

$$\therefore \frac{\theta_o'}{G_1\theta_i'} = \frac{G_2G_3}{1 + G_2G_3H_1}$$

Em alternativa, é expressa da seguinte forma:

$$\frac{\theta_o'}{\theta_i'} = \frac{G_1G_2G_3}{1 + G_2G_3H_1}$$

II. Seja G_1 θ_i igual a zero e $\theta o''$ é o resultado de G_4 θ_i :

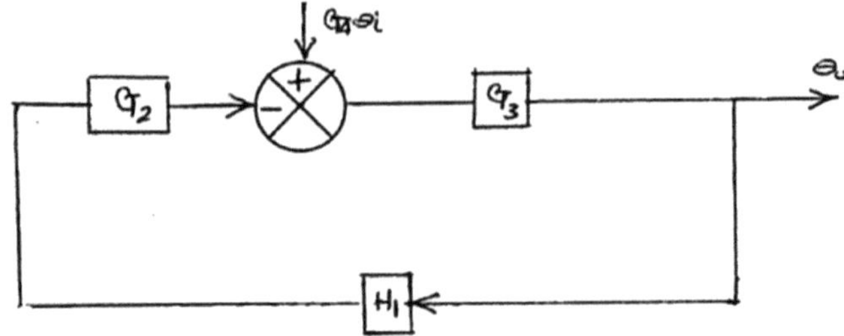

Reorganizando novamente:

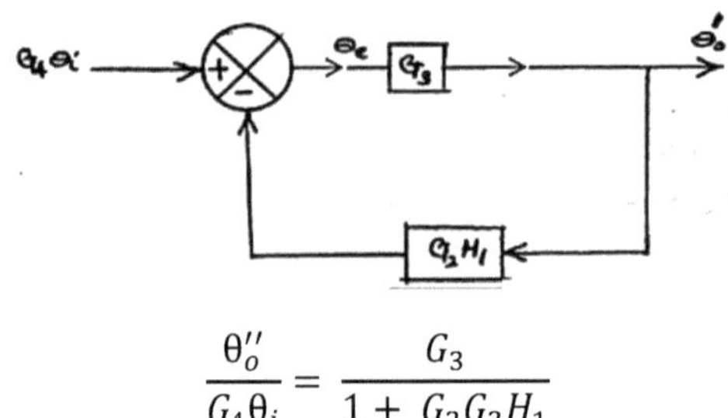

$$\frac{\theta_o''}{G_4\theta_i} = \frac{G_3}{1 + G_2G_3H_1}$$

Em alternativa, é expressa da seguinte forma:

$$\frac{\theta_o''}{\theta_i} = \frac{G_3G_4}{1 + G_2G_3H_1}$$

Uma vez que os operadores de transferência ou funções de transferência estão ligados em paralelo, isto significa que são combinados para obter as funções de transferência totais do sistema. Portanto, a função ou operador de transferência:

$$\frac{\theta_o}{\theta_i} = \frac{\theta_o''}{\theta_i} + \frac{\theta_o''}{\theta_i} = \frac{G_1G_2G_3}{1 + G_2G_3H_1} + \frac{G_3G_4}{1 + G_2G_3H_1} = \frac{G_3(G_1G_2 + G_4)}{1 + G_2G_3H_1}$$

2.3 Problemas adicionais

1. Para o diagrama de blocos apresentado na Figura (2.9) abaixo, determine a relação entre θ_o e θ_i através da redução sucessiva do diagrama de blocos.

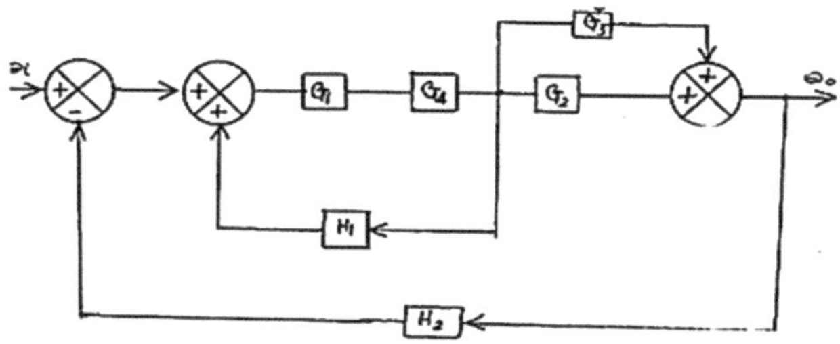

Figura (2.9) Determinação da relação entre θ_o e $\theta_i$por redução sucessiva do diagrama de blocos

$$Ans.\left\{\frac{G_1G_4(G_2+G_3)}{1-\ G_1G_4H_1+G_1G_4H_2(G_2+G_3)}\right\}$$

2. Um sistema de controlo em malha fechada sujeito a uma perturbação D (S), como mostra a figura (2.10). Explique, utilizando o princípio da sobreposição, o efeito na saída do sistema.

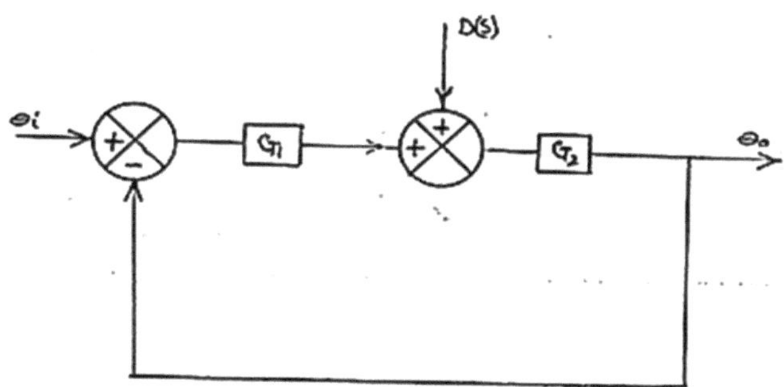

Figura (2.10) Um sistema de controlo em malha fechada com interferência ou perturbação

$$\text{Ans.}\left\{\frac{G_2(G_1\theta_i+D(s))}{1+\ G_1G_2}\right\}$$

3. Derive a função de transferência para o sistema mostrado na Figura (2.11) abaixo:

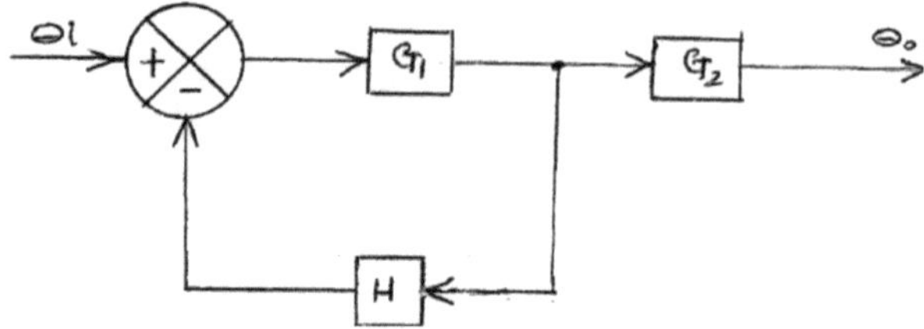

Figura (2.11) Derivação da função de transferência para o sistema mostrado no desenho

4. O sistema apresentado na Figura (2.12 - a) foi reorganizado deslocando o ponto de soma para trás do elemento G, como na Figura (2.12 - b). Prove que a função de transferência em cada caso é G/ (1+GH).

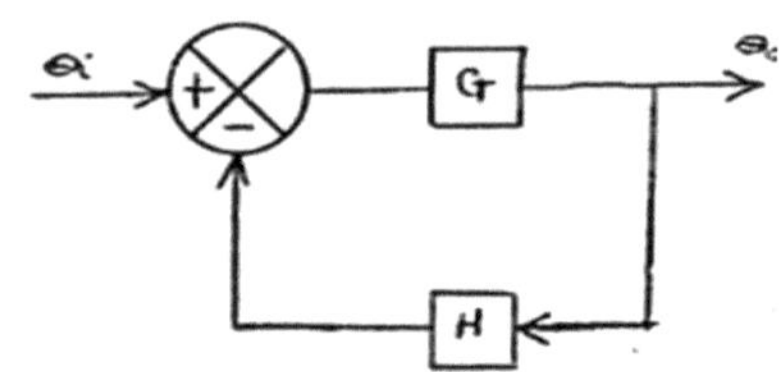

(a)

(b)

Figura (2.12) Prova de que a função de transferência em cada caso é a mesma

5. Encontre a função de transferência para o sistema mostrado na Figura (2.13) abaixo.

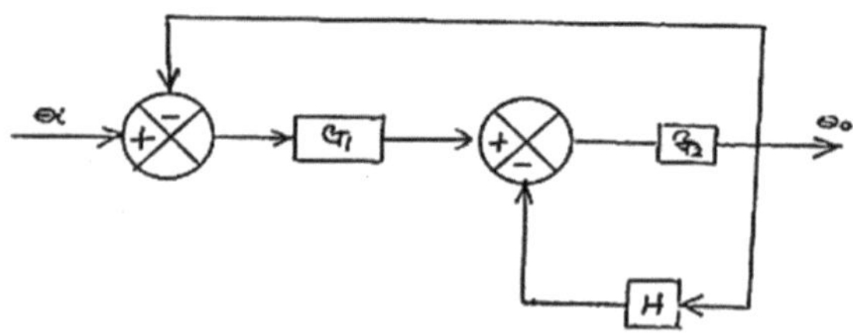

Figura (2.13) Encontrando a função de transferência para o sistema mostrado no desenho

$Ans.\{(G_1G_2\ /(1+\ G_1G_2+\ G_2H)\ )\}$

6. Encontre a saída θ_0 do sistema mostrado na Figura (2.14) abaixo.

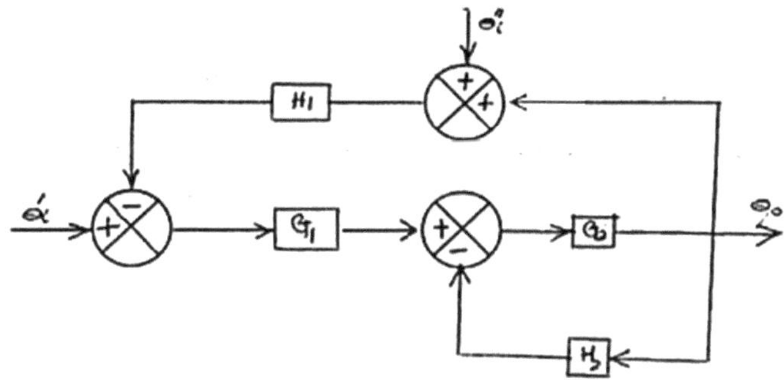

Figura (2.14) Encontrar a saída θ_0 do sistema mostrado no desenho

$Ans.\{(G_1G_2\theta_i' + G_1G_2H_1\theta_i'')\ /(1+\ G_1G_2H_1+\ G_2H_2)\ \}$

7. A figura (2.15) abaixo mostra um sistema com duas entradas θ_i' eθ_i''. Derive uma relação para encontrar a saída do sistema θ_0 .

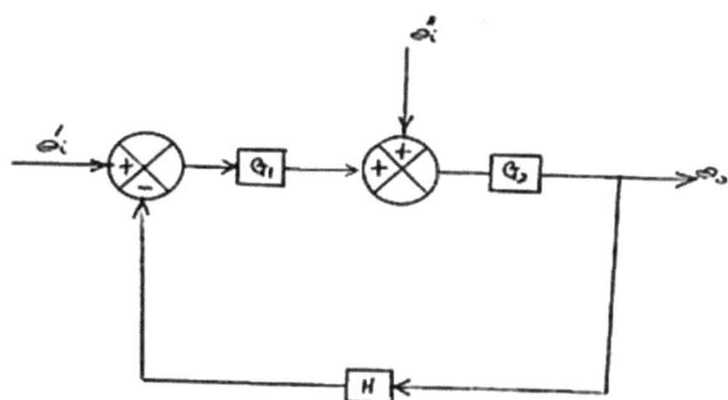

Figura (2.15) Derivação de uma relação para encontrar a saída do sistema

$$Ans.\left\{\frac{G_1G_2\theta_i' +\ G_2\theta_i''}{1+\ G_1G_2H}\right\}$$

8. Reduzir o seguinte diagrama de blocos da figura (2.16) para um formato de retroação unitária.

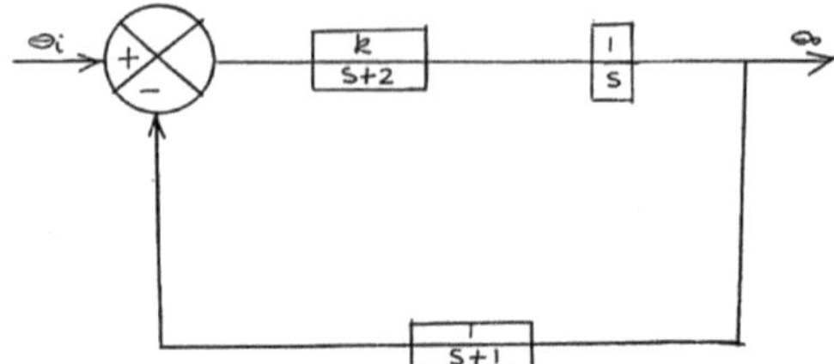

Figura (2.16) Redução do diagrama de blocos para um formato de realimentação unitária

9. Determine a saída θ_o do sistema mostrado na Figura (2.17) abaixo.

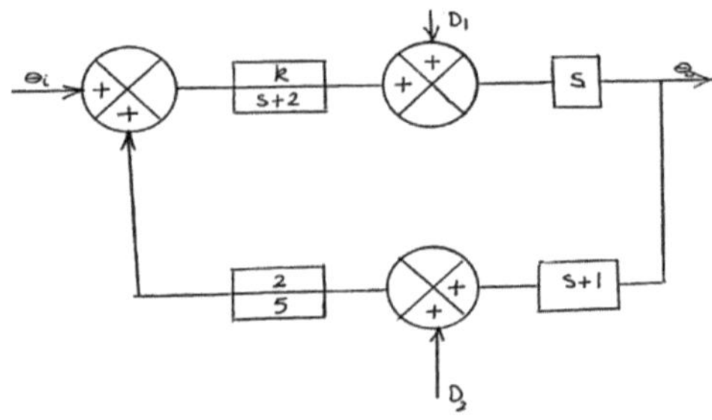

Figura (2.17) Determinação da saída θ_o do sistema mostrado no desenho

$$Ans.\left\{\frac{2kD_2 + ks\theta_i + s(s+2)D_1}{2(1-2k)+2(1-k)} \text{ ‘ } AR\right\}$$

10. A partir do diagrama de blocos apresentado na Figura (2.18) abaixo, determine a relação entre θ_i e θ_o por redução sucessiva do diagrama de blocos.

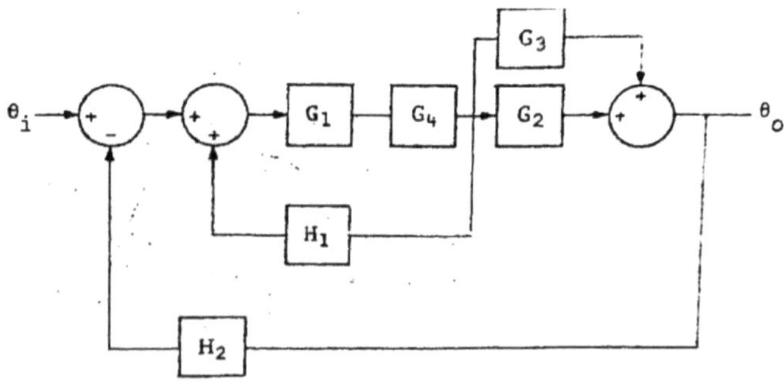

Figura (2.18) Determinação da relação entre θ_i e θ_o por redução sucessiva do diagrama de blocos

$$\text{Ans.} \left\{\frac{\theta_o}{\theta_i} = \frac{G_1G_4(G_2+G_3)}{1-G_1G_4H_1+G_1G_4H_2(G_2+G_3)}\right\}$$

11. O diagrama esquemático apresentado na Figura (2.19) abaixo é um diagrama de blocos de um sistema com vários circuitos. Defina a função de transferência que liga a saída $\theta_o(s)$ à entrada$\theta_i(s)$.

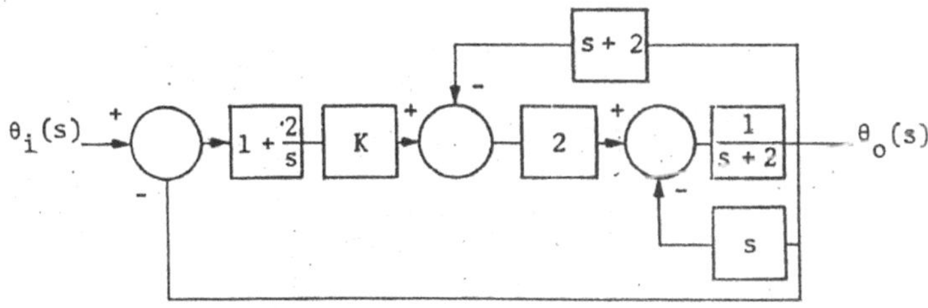

Figura (2.19) Diagrama de blocos de um sistema de múltiplos loops

$$Ans.\ \left\{\frac{\theta_o(s)}{\theta_i(s)} = \frac{k(s+2)}{2s^2 + 3s + k(s+2)}\right\}$$

12. Num servo elétrico utilizado para controlar uma massa em rotação, o momento de inércia é $100kgm^2$o binário do motor é de 1600 N.m por rad de alinhamento e a razão de amortecimento ζ é de 0,5. Desenvolva o diagrama de blocos deste sistema e, assim, encontre a função de transferência entre a posição do veio de saída e a posição da roda de controlo de entrada. O sistema é mostrado na Figura (2.20) abaixo.

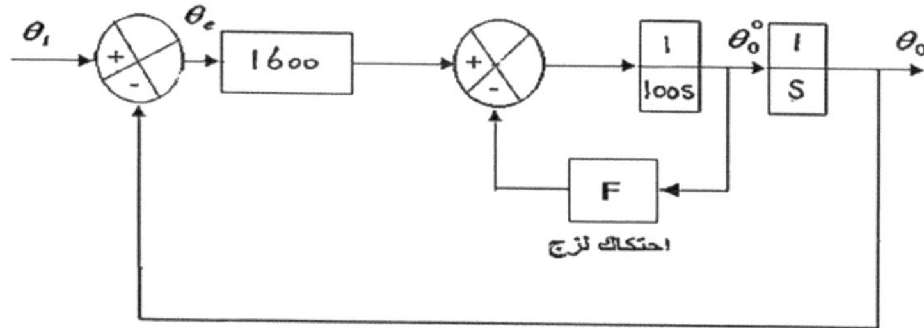

Figura (2.20) Um servo elétrico utilizado para controlar uma massa rotativa

$$\left\{\frac{1}{1 + 0.25s + 0.0625s^2}\right\} \text{ Ans.}$$

13. O diagrama da figura (2.21) mostra parte de um túnel de ar para um sistema de controlo da inclinação de uma aeronave. O ângulo de inclinação é θ_0 e a entrada do piloto éθ_io sinal da velocidade vertical é $V_v$enquanto que θ_e é o ângulo de subida. Reduzindo o diagrama, determine a função de transferência em malha fechada.

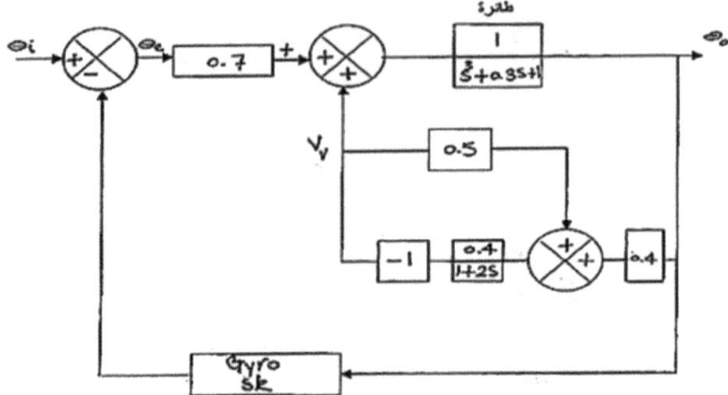

Figura (2.21) Parte de um túnel de ar para um sistema de controlo da inclinação de uma aeronave

Capítulo III

Sistemas de medição

3.1 Introdução à tecnologia de ensaio de comprimentos

A medição é, desde há muito, considerada um dos fundamentos mais importantes e indispensáveis do trabalho em várias ciências naturais e domínios técnicos. O nível de progresso das técnicas de medição é, em grande parte, responsável pela determinação da velocidade com que a investigação técnica e os vários domínios da produção e do fabrico se desenvolvem.

A tecnologia de medição reveste-se de particular importância no que respeita à determinação objetiva da qualidade e da fiabilidade dos produtos e dos processos de produção. A qualidade e a fiabilidade são consideradas, neste contexto, como um dos componentes básicos diretos da produtividade, e assegurar ou garantir a qualidade e aumentar constantemente o seu nível só pode ser conseguido na presença de técnicas de medição muito avançadas.

As medições dimensionais efectuadas durante as diferentes fases dos processos de produção (isto é, no domínio da construção de máquinas e da engenharia eléctrica) constituem atualmente a maior parte das operações de medição. A responsabilidade de preparar, executar e avaliar os processos de medição ou de avaliar os resultados que deles emanam para tomar a decisão necessária cabe, em primeiro lugar, ao profissional especializado, ao supervisor, ao engenheiro assistente e ao engenheiro. Deste ponto de vista, era necessário fornecer e apresentar os conhecimentos necessários sobre a técnica de exame de comprimento, as suas capacidades e os limites da sua aplicação em todas as fases de qualificação. Além de preparar as condições e os requisitos básicos necessários que os responsáveis pelas tarefas de medição devem consultar e aprovar para a seleção precisa dos dispositivos e métodos de medição, com base em fundamentos científicos e técnicos bem pensados.

O principal objetivo deste livro é, inicialmente, apresentar os princípios básicos da tecnologia dos instrumentos de medição e ensaio, revendo-os de uma forma fácil e próxima das aplicações práticas.

Este livro serve, em particular, para cursos de design e tecnologia em faculdades e institutos de engenharia, bem como para supervisores e formadores na área das indústrias metalúrgicas. Além disso, salientamos que o livro tem em conta os planos de estudo estabelecidos para programas de formação básica em tecnologia de medição e sistemas de controlo de dispositivos em faculdades e institutos de engenharia que adoptam frequentemente cursos especializados em engenharia de construção de máquinas.

O desvio do valor de uma determinada dimensão em relação aos seus limites máximos ou a permanência abaixo dos seus limites mínimos é considerado um defeito no domínio do fabrico, e a sua descoberta é considerada uma das tarefas essenciais da ciência da metrologia. A ciência da medição é a ciência aplicada mais intimamente relacionada com a vida quotidiana do ser humano, uma vez que está envolvida na maioria dos seus assuntos e nas suas várias transacções de vida.

Com o desenvolvimento da ciência e da tecnologia, a ciência da medição floresce e as suas tarefas transcendem até se tornar a ciência indispensável para todas as ciências naturais e aplicadas. Assim, assume uma posição que a torna a "ciência critério" através da qual se pode julgar a exatidão, a proficiência e a qualidade com que os produtos industriais foram concluídos e fabricados com base em especificações padrão específicas.

As diferentes técnicas de medição desempenham um papel importante e determinante nos diferentes ciclos de produção. Acompanham a matéria-prima e passam pelos produtos intermédios até ao produto final, a fim de se obter um produto de alta qualidade, de fiabilidade garantida e de fiabilidade total, capaz de competir e de ser elegível para o intercâmbio técnico, para obter a satisfação e a confiança do consumidor. Assim, o nível de desenvolvimento das técnicas de medição e o nível de progresso científico são geralmente duas faces da mesma moeda e uma norma que se reflecte mutuamente. Se a perfeição é exigida em qualquer trabalho, então temos uma necessidade extrema dela no domínio da medição, uma vez que representa a essência desta ciência e o objetivo a que aspira.

A maioria dos produtos materiais, especialmente aqueles que entram no campo das indústrias de máquinas e eletricidade, têm origem principalmente em corpos técnicos específicos e geometricamente distintos, que são frequentemente feitos de materiais metálicos e não metálicos. Para assegurar as propriedades funcionais ou o desempenho exigido a estes produtos, por um lado, ou para os colocar numa posição que os qualifique para a permutabilidade técnica com peças semelhantes, por outro lado, é necessário que sejam caracterizados apenas por pequenos desvios em relação à forma geométrica específica que é suposto terem. Além disso, verificamos que, no caso de conjuntos estruturais e produtos pré-fabricados, a eficiência do desempenho funcional das peças de engenharia também depende dos desvios de posição de alguns elementos de engenharia (tais como linhas e superfícies) nas várias peças individuais. Por conseguinte, é necessário conhecer e compreender os aspectos técnicos da medição das propriedades de engenharia dos vários elementos e conjuntos estruturais para determinar a tolerância admissível adequada que o produto deve ter, por um lado, e para o estudo analítico da qualidade desse produto, o seu controlo, por outro. Isto requer a utilização de uma técnica especial conhecida como "Técnica de Inspeção e Medição de Comprimentos", que inclui todos os métodos de exame normalizados para cada um dos seguintes elementos: comprimentos, ângulos e desvios geométricos (tais como desvios de forma, desvios de posição e rugosidade da superfície), para além do estudo dos métodos utilizados no exame dos dentes dos parafusos e dos dentes das engrenagens.

Em contraste com os processos de medição que são conduzidos para determinar outras quantidades físicas, verifica-se que:

A diversidade das formas geométricas disponíveis.

A grande variedade de comprimentos a examinar e as diferenças longitudinais entre eles.

A natureza variável da abertura dos sítios de medição em termos de dificuldade e facilidade.

Para além das diferentes tolerâncias permitidas.

Estas operações requerem a utilização de um grande número de aparelhos técnicos de medição para encontrar soluções adequadas. Os aparelhos de medição necessários para efetuar as operações de medição longitudinal são essencialmente constituídos pelos grupos básicos que compõem os aparelhos de medição, como mostra a figura (3.1) abaixo.

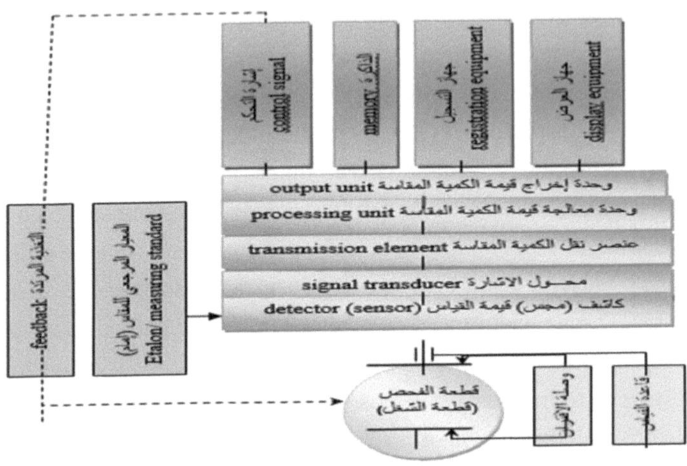

Figura (3.1) Elementos estruturais básicos dos aparelhos e equipamentos de medição de comprimentos

Os critérios importantes que podem ser utilizados como orientação e para tomar a decisão certa relativamente à seleção dos sistemas de medição adequados para implementar um processo de medição são

O tipo de tarefa de medição (ex.: medição externa, medição interna, medição da rugosidade da superfície).

O tamanho nominal da quantidade medida.

Tolerância.

Incerteza de medição (dúvida, ceticismo, suspeita, incerteza).

O tipo de processo de medição (por exemplo: medição direta, diferencial ou medição diferencial).

O número de vezes necessário para repetir o processo de medição.

O método de acoplamento ou emparelhamento do dispositivo de medição com a grandeza a medir (com ou sem contacto com os pontos de medição).

Transdutor ou Sonda do Valor de Medição (por exemplo: mecânico, pneumático e eletrónico).

Processamento do valor de medição (por exemplo, cálculo do resultado da medição, correção de erros de medição).

Declaração e visualização do resultado da medição (por exemplo, escala analógica ou digital, registo e notação, sinal de controlo).

Na escolha do método de medição, para além dos aspectos técnicos, devem também ser tidos em conta os aspectos económicos, a fim de assegurar um ajuste perfeito entre o custo das operações de medição e o benefício pretendido com os resultados da medição.

O desenvolvimento atual e o desenvolvimento futuro da técnica de inspeção do comprimento dependem, em primeiro lugar, do grau de desenvolvimento do nível de qualidade e, por conseguinte, da eficiência ou da capacidade de produção, quer em relação aos produtos, quer em relação aos processos de produção. Entre as propriedades relacionadas com a eficiência ou capacidade dos produtos utilizados na indústria de máquinas, referimos as seguintes:

Nível de energia e resistência.

Velocidade de conclusão do trabalho

A exatidão do trabalho

Dimensões e massa.

Fiabilidade que deve ser caracterizada pelos produtos (incluindo a vida útil do projeto e a vida útil do produto).

Consumo específico de energia durante o funcionamento.

Impacto no ambiente.

A melhoria das propriedades acima mencionadas não requer apenas medidas de design, mas também impõe, em muitos casos, diferentes condições técnicas, incluindo: a redução das tolerâncias permitidas e o aumento do número de propriedades de engenharia que devem ser caracterizadas pelas tolerâncias. Quanto às condições necessárias para aumentar a eficácia dos métodos de fabrico produtivo, e o que isso exige em contrapartida para elevar o nível do grau de automatização, quer se trate de operações de fabrico produtivo ou de operações de montagem, elas são representadas a seguir:

Aumentar a proporção de peças modulares repetitivas a partir de peças individuais (peças sobressalentes).

Melhoria do nível de permutabilidade técnica ou da permutabilidade técnica de peças individuais.

Alargamento do âmbito da cooperação interna e global e adoção do princípio da especialização na produção.

Além disso, verificamos que é necessário que as propriedades geométricas das peças de trabalho, em particular os desvios de forma e os desvios de posição, tenham sido especificados com tolerâncias abrangentes de acordo com o que é permitido.

Cada vez mais, constatamos que a ligação direta entre as operações de fabrico da produção e as operações de medição, e a tomada de medidas que as tornem ideais e lógicas, é uma das coisas necessárias que devem ser adoptadas para alcançar o seguinte:

Libertação do Homem do trabalho monótono (de rotina).

Reduzir os tempos necessários para a medição.

Reduzir o âmbito da incerteza na medição.

Aumentar o ambiente avaliável dos dados de medição.

Aumentar o grau de carregamento de dispositivos de medição de alta qualidade.

Aumentar o nível de produtividade e a qualidade do trabalho de investigação ou a qualidade da produção.

O desenvolvimento do que é conhecido como "Sistemas de Conjuntos Modulares", que permite a possibilidade de adotar várias imagens e diferentes graus de automatização, trouxe muitos benefícios económicos tanto para os produtores como para os fabricantes de dispositivos de medição.

3.2 Tipos de ferramentas de medição

No domínio civil, como a garantia de qualidade, a física e a engenharia, a medição é a atividade que consiste em obter e comparar quantidades de determinados objectos.

As medições fornecem números relacionados com um item em estudo e unidades de medida de referência e os instrumentos de medição com um método perfeito.

O que descreve a utilização das ferramentas de medição é o meio pelo qual se obtém esta relação de número e, neste artigo, abordamos diferentes tipos de ferramentas de medição.

Seguem-se os diferentes tipos de instrumentos de medição utilizados para todos os fins,

- Localizador de ângulos
- Inclinómetro de bolha
- Pinça
- Bússola
- Medidor de ângulo digital
- Nível
- Nível laser
- Micrómetro
- Quadrados de medição
- Odómetro
- Manómetro de pressão
- Transferidor
- Régua
- Velocímetro
- Fita métrica
- Termómetro

3.2.1 Localizador de ângulos

Como o nome sugere, o localizador de ângulos localiza o ângulo replicado de uma área existente e mede o ângulo, e é chamado de localizador de ângulos, este localizador de ângulos é utilizado principalmente para fins de carpintaria ou construção.

É constituído por uma base magnética, que permite a sua fixação a uma secção de medição metálica, possui uma ferramenta manual com um visor digital e o localizador permite a medição de ângulos de zero a 90 graus.

A figura (3.2) abaixo mostra uma imagem de um localizador de ângulos utilizado para fins de carpintaria ou de construção.

Figura (3.2): Fotografia de um localizador de ângulos utilizado para fins de carpintaria ou de construção.

3.2.2 Nível de bolha de ar

O nível é um tipo de instrumento de medição, que é utilizado para indicar o plano horizontal, este nível é um dispositivo ótico que consiste em bolhas de ar num meio líquido para exibir os resultados medidos.

A figura (3.3) abaixo mostra uma imagem de um nível de bolha de ar utilizado para indicar o plano horizontal.

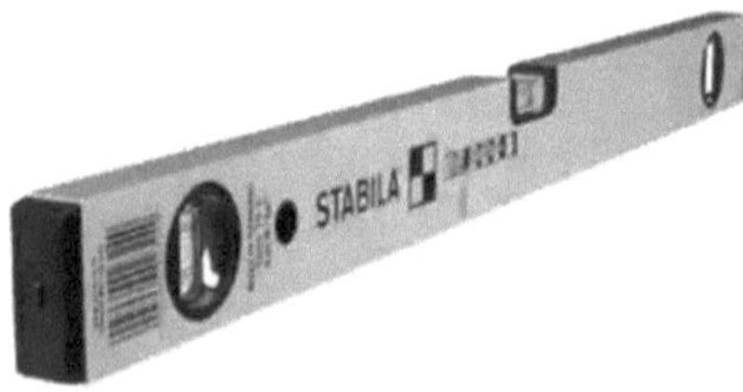

Figura (3.3) Fotografia de um nível de bolha de ar utilizado para indicar o plano horizontal

Este tubo de bolha é fixado horizontalmente e selado a um bloco de madeira com uma superfície inferior lisa, e o tubo de vidro do nível é inclinado e o movimento da bolha indica o ajuste na horizontal.

As ferramentas de nível são utilizadas em serralharias, trabalhos em madeira e construção civil. Para além disso, os construtores utilizavam geralmente instrumentos de nível mais compridos, que variam entre 2, 4 e 6 pés de comprimento.

3.2.3 Nível laser

Este nível laser é um tipo de ferramenta de medição que consiste num projetor de feixe laser rotativo que pode ser fixado a um tripé, e é nivelado de acordo com a precisão das ferramentas e projecta um feixe verde ou vermelho fixo num plano em torno do eixo vertical e horizontal.

Estes níveis laser são normalmente utilizados para aplicações de nivelamento e alinhamento no sector da construção e da topografia.

A figura (3.4) abaixo mostra uma imagem de um nível laser utilizado para aplicações de nivelamento e alinhamento no sector da construção e da topografia.

Figura (3.4) Fotografia de um nível laser utilizado para aplicações de nivelamento e alinhamento no sector da construção e da topografia

3.2.4 Transferidor

Este transferidor é um instrumento de medição muito útil, feito de material plástico e com a forma de um meio círculo, também utilizado para medir ângulos e marcar graus.

Os transferidores têm uma escala interior e uma escala exterior e marcam de zero a 180 graus. Depois de muito tempo da invenção dos protectores de bisel, continuam a ser utilizados os transferidores clássicos. Além disso, pode dizer-se que os transferidores de bisel são a versão melhorada dos transferidores normais.

A figura (3.5) abaixo mostra um protetor utilizado para medir ângulos e marcar com graus.

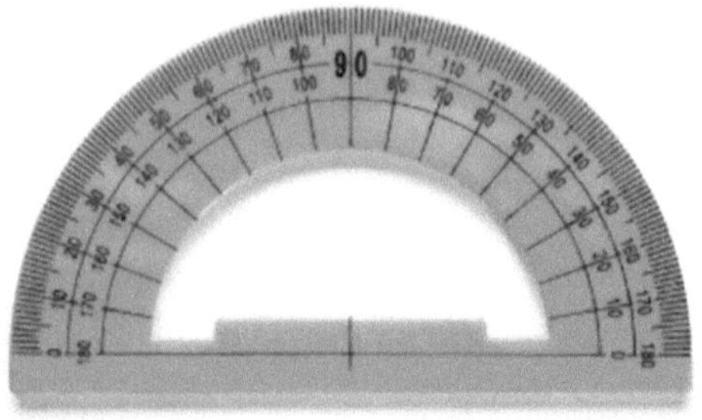

Figura (3.5) um protetor de utilizado para medir ângulos e marcar com graus

3.2.5 Odómetro

A figura (3.6) abaixo mostra um odómetro utilizado em automóveis para medir a distância percorrida por um veículo, como um carro ou uma bicicleta.

Figura (3.6) um odómetro utilizado em automóveis para medir a distância percorrida por um veículo, como um carro ou uma bicicleta

Este odómetro é utilizado nos automóveis para medir a distância percorrida por um veículo, como um carro ou uma bicicleta.

A distância percorrida pelo automóvel é utilizada para esse efeito. Pode ser fabricado eletronicamente, mecanicamente ou através de uma combinação dos dois.

3.2.6 Micrómetro

O micrómetro é também conhecido como medidor de parafuso. Este micrómetro assemelha-se a um compasso de calibre que se enrosca em vez de deslizar e o eixo é muito preciso.

A figura (3.7) abaixo mostra um micrómetro, que também é conhecido como medidor de parafuso.

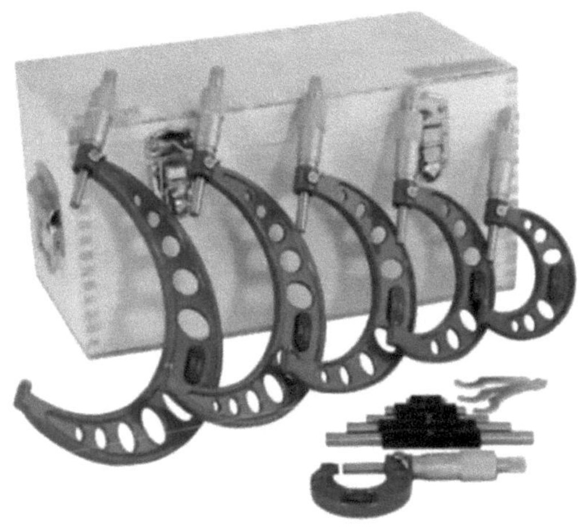

Figura (3.7) um Micrómetro, também conhecido por Parafuso de Medida

O objeto a medir é colocado entre a bigorna e o fuso. Este fuso é rodado, ajustando o botão da catraca, até o objeto ser medido.

O micrómetro digital produz uma leitura rápida da distância de trabalho entre as duas cabeças de calibre e o micrómetro é amplamente utilizado para a medição precisa de componentes em engenharia mecânica e maquinagem.

Assim como na maioria das profissões mecânicas, juntamente com os seus outros dispositivos metrológicos, tais como paquímetros digitais, mostradores e vénias.

3.2.7 Manómetro

A medição da pressão é a análise da força aplicada pelo fluido numa superfície e o manómetro é utilizado para indicar a pressão do fluido e medi-la. A pressão é medida em unidades de força por unidade de área de superfície.

Os manómetros aneróides e os manómetros hidrostáticos são os tipos mais comuns de manómetros analógicos; além disso, o manómetro é utilizado para medir tudo, desde a altitude à pressão atmosférica.

Da profundidade à tensão arterial, etc., a vantagem de utilizar um manómetro é que é fácil de ler e aparece rapidamente no ecrã.

A figura (3.8) abaixo mostra um manómetro, que é utilizado para indicar a pressão do fluido e medi-la.

Figura (3.8) um manómetro, que é utilizado para visualizar a pressão do fluido e medi-la

3.2.8 Régua

Esta régua é medida tanto em unidades habituais como métricas, a distância padrão acima da régua é indicada em centímetros e abaixo em polegadas e o intervalo na régua é conhecido como a marca de hash, atualmente a régua é mais utilizada.

As ferramentas de medição com régua são utilizadas em geometria e desenho técnico, bem como nas indústrias de construção e engenharia para medir a distância entre duas linhas ou desenhar linhas rectas.

A figura (3.9) abaixo mostra uma régua, que é utilizada para geometria e desenho técnico de engenharia.

Figura (3.9) uma Régua, que é utilizada para Geometria e Desenho Técnico de Engenharia

3.2.9 Velocímetro

Este velocímetro também faz parte da lista de instrumentos de medição que são utilizados para indicar e medir a velocidade imediata de um veículo e ficou disponível no início do século XX.

Um íman circular que dá 1000 voltas por cada quilómetro percorrido pelo veículo acciona o mecanismo indicador de velocidade.

A figura (3.10) abaixo mostra um velocímetro, que é utilizado para indicar e medir a velocidade imediata de um veículo.

Figura (3.10) um velocímetro, que é utilizado para mostrar e medir a velocidade imediata de um veículo

3.2.10 Fita métrica

Esta fita métrica é uma fita métrica flexível que pode ser usada para medir a distância ou o tamanho do objeto e também pode ser dobrada em qualquer forma. A sua forma mais simples consiste numa fita de plástico ou tecido marcada com medidas em centímetros, polegadas e milímetros.

Normalmente, a gama de medição é de 12 pés, 25 pés e 100 pés de comprimento. Além disso, esta fita é de tamanho compacto, pelo que cabe facilmente no bolso.

A figura (3.11) mostra uma fita métrica, que é utilizada para medir a distância ou o tamanho de um objeto.

Figura (3.11) uma fita métrica, que é utilizada para medir uma distância ou o tamanho de um objeto

3.2.11 Termómetro

Como o nome sugere, o termómetro é utilizado para medir a temperatura e é amplamente utilizado em diferentes actividades, como a prática médica, a investigação científica e a produção. Além disso, este termómetro é durável, preciso, barato e fácil de calibrar.

O termómetro é composto por dois elementos, como um sensor de temperatura no qual algo muda com a mudança de temperatura e um meio de cobertura.

Esta transformação num valor numérico, um termómetro é amplamente utilizado para monitorizar processos em tecnologia e metrologia, investigação científica e indústria.

A figura (3.12) mostra um termómetro, que é utilizado para medir a temperatura.

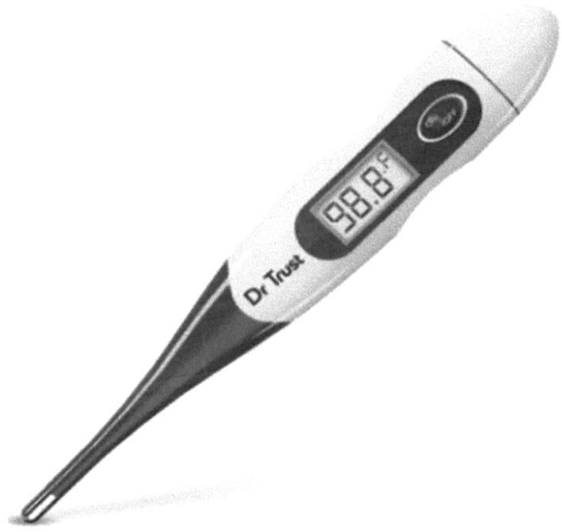

Figura (3.12) um Termómetro, que é utilizado para medir a temperatura

3.2.12 Bússola

A figura (3.13) abaixo mostra um compasso, que é uma ferramenta de desenho técnico que pode ser utilizada para desenhar arcos e círculos.

Figura (3.13) um Compasso, que é uma ferramenta de desenho técnico que pode ser utilizada para desenhar arcos e círculos

Este instrumento de medição é uma ferramenta essencial para diferentes tarefas, como desenho, navegação, matemática e outras finalidades. Também é feito de metal e é composto por duas pernas que estão ligadas a uma dobradiça que pode ser ajustada para permitir variar o raio do círculo desenhado.

O compasso é um instrumento de desenho técnico que pode ser utilizado para desenhar arcos e círculos e, como divisor, pode ser utilizado para separar distâncias em mapas, etc.

3.2.13 Calibrador

A figura (3.14) abaixo mostra um paquímetro, que é utilizado para medir a dimensão do diâmetro exterior e interior de um objeto.

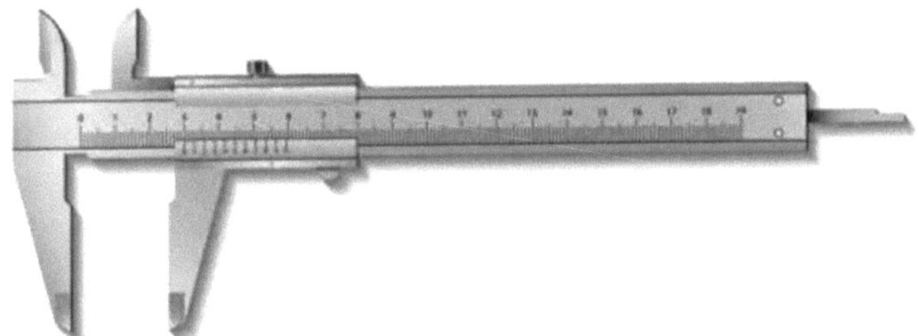

Figura (3.14) um paquímetro, que é utilizado para medir a dimensão dos diâmetros exterior e interior de um objeto

Um paquímetro é uma ferramenta de medição utilizada para medir a dimensão do diâmetro exterior e interior, a profundidade, o comprimento, a largura e a espessura de um objeto. Esta ferramenta de medição permite a medição de várias dimensões e é geralmente feita de material de aço.

Este compasso de calibre é utilizado em vários domínios, como a medicina, a engenharia metalúrgica, a construção civil, o sector doméstico, etc.

O comprimento total de um objeto é facilmente medido através de uma régua fixa e os diferentes tipos de paquímetro permitem que a medição seja lida numa escala controlada, num visor digital e num mostrador.

3.2.14 Inclinómetro de bolhas

Se pretende determinar uma determinada inclinação, este inclinómetro é uma escolha essencial e inteligente. Foi especialmente concebido para medir a amplitude dc cstabilidade du grau e a amplitude de movimento da articulação.

Em primeiro lugar, identifica-se a articulação de amplitude de movimento e mede-se, depois coloca-se o inclinómetro de bolha a zero e determina-se a diferença e as suas alterações.

É sobretudo utilizado por terapeutas desportivos para testar uma amplitude de movimento saudável em pontos críticos do corpo.

A figura (3.15) abaixo mostra um inclinómetro de bolha, especialmente concebido para medir a amplitude de estabilidade do grau e a amplitude de movimento da articulação.

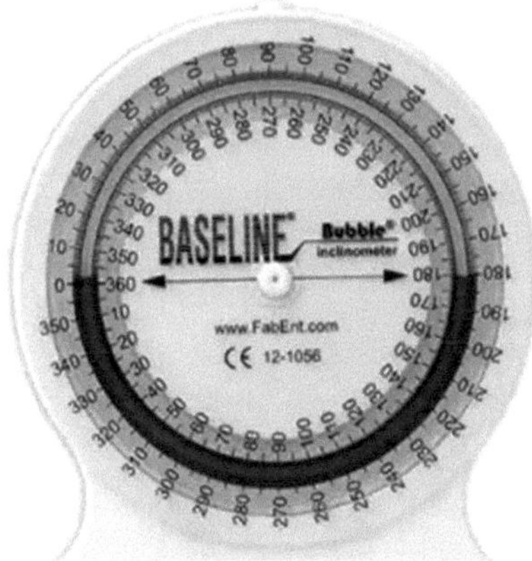

Figura (3.15) um Inclinómetro de Bolha, concebido para medir a amplitude de estabilidade do grau e a amplitude de movimento da articulação

3.2.15 Medidor digital de ângulos

A medição de ângulos é essencial para os trabalhadores, que precisam de ter acesso a dados exactos, pelo que foram inventados os medidores de ângulos, que também permitem uma medição ou dimensão rápida de qualquer superfície angular que esteja ligada ao medidor.

Em comparação com o medidor de ângulos analógico, o medidor de ângulos digital é mais fácil, mais rápido de utilizar e proporciona uma elevada precisão.

possui um dispositivo de calibração automática e também uma base magnética potente que é útil para determinar com precisão os ângulos de bisel e de esquadria em serras eléctricas; por último, é uma ferramenta muito económica e muito precisa.

A figura (3.16) abaixo mostra um medidor de ângulos digital, essencial para os trabalhadores medirem ângulos.

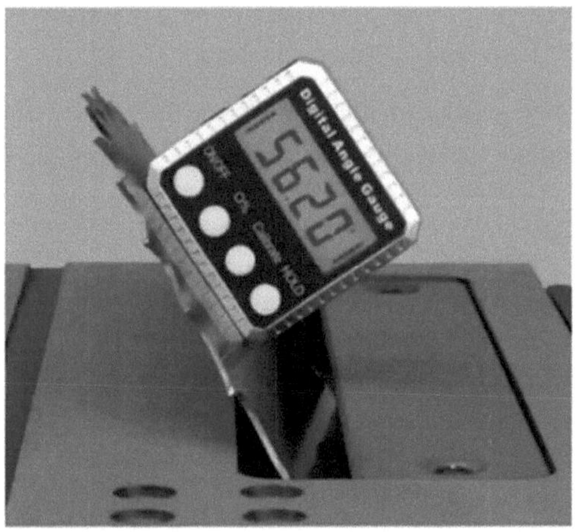

Figura (3.16) Um medidor de ângulos digital, que é essencial para os trabalhadores medirem ângulos

3.2.16 Quadrados de medição

Estas ferramentas de medição referem-se a um ângulo de 90 graus, embora o esquadro seja utilizado para um ângulo de 45 graus. Um instrumento de medição quadrado consiste em duas arestas rectas colocadas num ângulo reto entre si.

Esta ferramenta está disponível numa variedade de formas especiais, como o esquadro para paredes de gesso, o esquadro rápido, o esquadro de moldura e o esquadro combinado.

Para verificar a exatidão do ângulo reto ao traçar linhas no material antes de o cortar, alguns tipos de instrumentos de medição de esquadros incluem uma escala para medir distâncias ou calcular ângulos.

A figura (3.17) abaixo mostra um esquadro de medição, que é normalmente utilizado por maquinistas e carpinteiros.

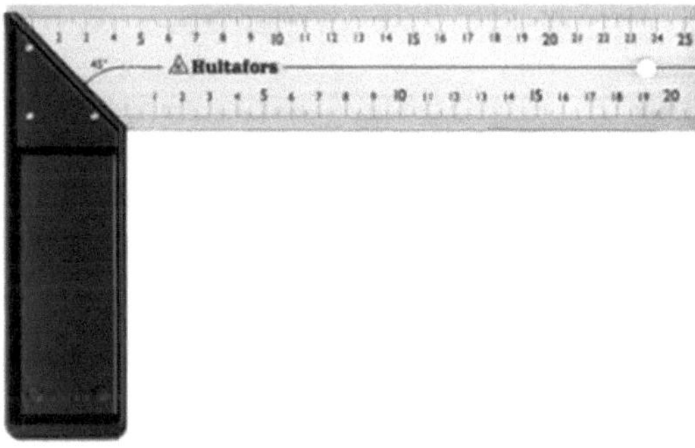

Figura (3.17) um esquadro de medição, que é normalmente utilizado por maquinistas e carpinteiros

3.3 Análise de um sistema

A metrologia de instrumentos, ou metrologia e conceção de instrumentos, é um ramo da engenharia que se ocupa da medição e controlo de máquinas e instalações.

De acordo com a Sociedade Internacional de Automação, a definição formal de instrumentação é o conjunto de ferramentas ou dispositivos e respectivas aplicações destinados à medição, controlo e monitorização.

O que significa o dispositivo? É uma ferramenta para medir ou processar variáveis como o fluxo de fluidos, a temperatura, o nível de líquidos ou a pressão. Estas ferramentas existem numa variedade de formas e modelos. Podem ser tão simples como válvulas e transmissores, ou tão complexos como analisadores. Os instrumentos incluem frequentemente sistemas de controlo de vários processos. O controlo de processos é um dos principais ramos do hardware como aplicação.

Os dispositivos de controlo incluem solenóides, válvulas, disjuntores e relés. Estes dispositivos são capazes de alterar os parâmetros de campo e fornecem capacidades de controlo remoto ou de controlo automático.

Os transmissores são dispositivos que produzem um sinal analógico, normalmente um sinal de corrente eléctrica na gama de 4-20 mA, embora existam várias outras opções, como a utilização de tensão, frequência ou pressão, se possível. Este sinal pode ser utilizado para controlar outros instrumentos diretamente, ou pode ser enviado para sistemas de controladores lógicos programáveis, DCS, SCADA ou outros tipos de controladores computorizados que podem interpretá-lo em valores legíveis que são utilizados para controlar dispositivos ou outros processos no sistema.

Os dispositivos desempenham um papel significativo na recolha de informações do campo de monitorização e na alteração dos dados do campo, pelo que são uma parte importante dos circuitos de controlo.

Os dispositivos são utilizados para medir os dados de um campo de monitorização específico, ou seja, quantidades físicas, incluindo:

Pressão (pressão diferencial ou estática).

O caudal (medição de caudal).

Temperatura.

Medição do nível.

Densidade.

Viscosidade.

Radiação.

Frequência.

Corrente eléctrica.

Tensão eléctrica.

Indução.

Capacidade eléctrica.

Resistividade ou resistência específica.

Condutividade.

Composição química.

Propriedades químicas.

Várias propriedades físicas.

A engenharia depende principalmente da medição (ou seja, medição de dimensões lineares e angulares, projeto de engenharia para dimensionamento de eixos de máquinas, edifícios, etc.), pelo que a instalação de engenharia não deve suportar uma carga superior à carga de projeto. Neste sentido, o provérbio inglês diz: "The straw that breaks the camel back". Para fabricar componentes de engenharia (peças), ou para controlar procedimentos contínuos em centrais eléctricas, ou para testar automóveis, máquinas ou estruturas de edifícios, etc., necessitamos de informação precisa e suficiente, o que só pode ser conseguido através da medição.

3.4 Representação em diagrama de blocos de um sistema de medição

A figura (3.18) abaixo mostra os componentes básicos de um Sistema de Medição Típico. Este sistema é constituído por um transdutor que converte propriedades físicas, químicas e mecânicas difíceis de medir noutras que podem ser facilmente medidas. O Condicionador de Sinal aumenta ou reduz o sinal para que possa ser medido facilmente, e tem a capacidade de mudar a forma do sinal de linear para angular e vice-versa. A unidade de visualização apresenta o sinal na sua forma final em ecrãs ou indicadores, tais como o indicador de velocidade do veículo, o nível de combustível nos tanques de armazenamento de combustível e outros.

Suponhamos que se pretende medir a temperatura da água e que se sabe que a temperatura da substância depende da intensidade de vibração dos átomos e moléculas da substância. Uma vez que as vibrações não podem ser medidas devido à sua pequenez, necessitaremos de um termómetro normal utilizado como transdutor, que é um tubo capilar no interior de um tubo de vidro, na extremidade do qual se encontra um bolbo cheio de mercúrio que converte as vibrações em expansão ou contração de volume, o que é facilmente resolvido.

No caso do termómetro, a alteração do volume de mercúrio passa através de um tubo capilar na perna do tubo de vidro, pelo que a alteração do volume se transforma numa alteração da altura do mercúrio, de modo a que este possa ser visto através do vidro.

O sinal na sua forma final deve ser visualizado através da unidade de visualização para que possa ser lido de forma fácil e cómoda. No caso do termómetro, isto é feito diretamente, comparando a extremidade do fio de mercúrio com o grau de graduação da perna de vidro.

A figura (3.18) abaixo mostra os componentes básicos de um sistema de medição típico.

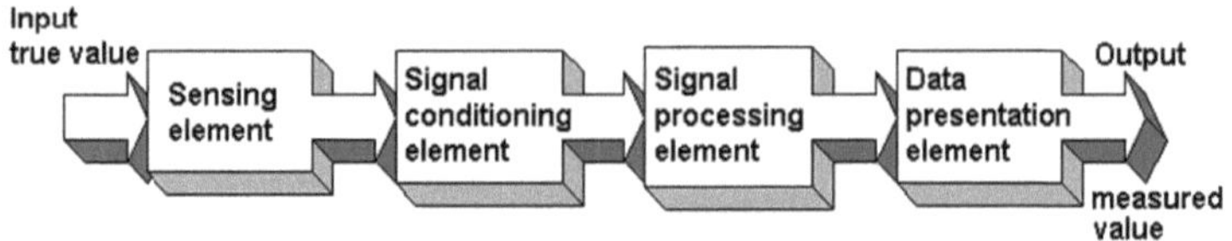

Figura (3.18) Componentes básicos de um sistema de medição típico

3.5 Exemplos práticos de alguns sistemas de medição

3.5.1 Dispositivos de medição da pressão

3.5.1.1 Manómetro de tubo de Bourdon

Um tubo de Bourdon é um tubo de secção transversal oval ou elíptica dobrado num arco circular, fechado numa extremidade e aberto na outra, como mostra a Figura (3.3) abaixo. Quando é permitida a passagem de pressão, a secção muda de oval para circular, o que faz com que o tubo tenda a endireitar-se num arco de maior raio. Isto significa que o tubo de Bourdon actua como um transdutor, uma vez que converte a pressão num deslocamento linear. Uma vez que o deslocamento do bordo do tubo é pequeno, precisa de ser amplificado utilizando um condicionador de sinal ou adaptador. Neste caso, o amplificador é mecânico, sendo utilizada uma engrenagem na forma de um quarto de engrenagem e um pinhão, mas a sua amplificação ou deslocamento é angular e não linear. Para isso, será necessário converter o sinal de deslocamento linear em deslocamento angular utilizando a ligação e o braço. Finalmente, o resultado é visualizado através da instalação de um ponteiro que roda com o pinhão para ler a pressão numa escala circular.

A figura (3.19) abaixo mostra uma ilustração do manómetro com tubo de Bourdon.

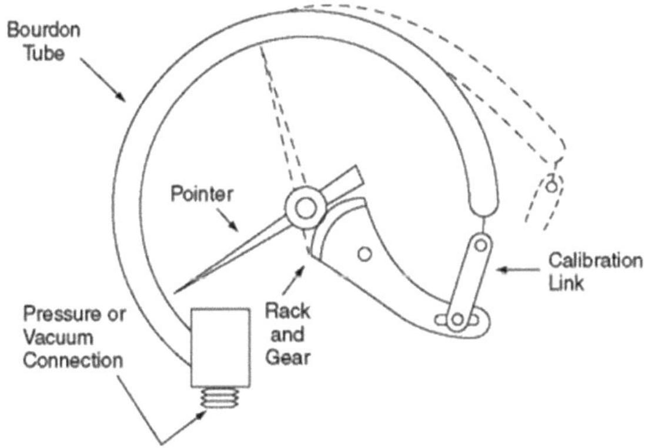

Figura (3.19) Tubo de Bourdon para medição da pressão

A figura (3.20) abaixo mostra o diagrama de blocos do Manómetro de Bourdon.

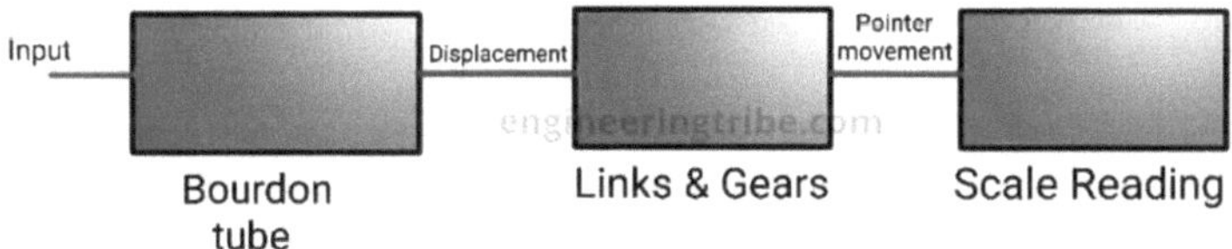

Figura (3.20) Diagrama de blocos do aparelho de Bourdon

Exemplo (1):

Um manómetro deve ser concebido com um ciclo indicador de 300 graus quando a pressão muda de zero para 10 bar. A flange ou extremidade do tubo de Bourdon é deslocada 2,5 mm a uma pressão de 10 bar. Se a flange do tubo de Bourdon estiver ligada a uma haste com um raio de 15 mm. Calcule a relação de dentes adequada entre o quarto de engrenagem e o pinhão. Se a relação de transmissão padrão for 30:1, encontrar o novo raio do braço.

A solução:

A figura (3.19) mostra um tubo de Bourdon para a medição da pressão descrita no exemplo anterior.

Tubo de Bourdon:

Operador de Transferência ou Ganho (G):

T.o = saída/entrada = 2,5/10 = 0,25 mm/bar

Ligação e braço:

A figura (3.21) abaixo mostra o deslocamento correspondente da ligação e do braço.

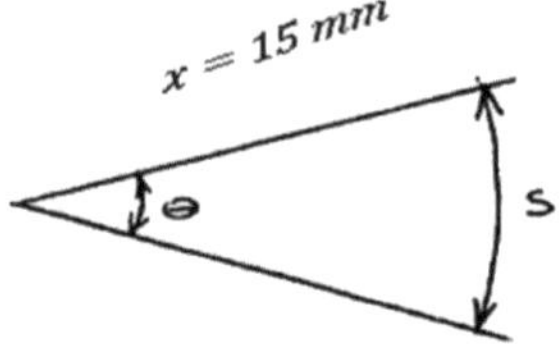

Figura (3.21) o deslocamento correspondente da ligação e do braço

$$\tan\theta = \frac{s}{x}$$

Como θ é muito pequeno, então:

$$\tan\theta = \theta = \frac{s}{x}$$

$$\therefore \theta = \frac{s}{15} rad$$

$$\therefore\ \theta = \frac{s}{15} \times \frac{180}{\pi} = 3.82\ s\ deg$$

Operador de ganho ou de transferência:

$$G = \frac{o/p}{i/p} = \frac{\theta}{s} = \frac{3.82\ s}{s} = 3.82\ deg/\ mm$$

Ponteiro e escala:

Trata-se apenas de um dispositivo de visualização, no qual o seu operador de transferência (função) ou ganho pode ser considerado igual a uma unidade.

Operador de transferência ou ganho:

$$G = \frac{o/p}{i/p} = 1$$

O rácio global entre a saída e a entrada é designado por sensibilidade ou fator de escala do dispositivo.

Sensibilidade, fator de escala ou função de transferência global do dispositivo:

$$\therefore Sensitivity = \frac{300^o}{10\ bar} = 30\ deg/\ bar$$

As funções ou operadores de transferência para cada elemento são multiplicados e igualados pela sensibilidade para obter k:

$$0.25\ \frac{mm}{bar} \times 3.82\ \frac{deg.}{mm} \times k\ \times 1 = 30\ \frac{deg.}{bar}$$

$$\therefore k = \frac{30}{0.25\ \times 3.82\ \times 1} = 31.4$$

Assim, uma relação de transmissão padrão de 30:1 seria adequada, embora desse um índice de rotações ligeiramente inferior a 300° . Para corrigir esta situação, o raio do braço seria ligeiramente encurtado.

A relação entre o número de dentes do quarto de engrenagem e o da engrenagem do pinhão:

Função de transferência do tubo de Bourdon x função de transferência do braço e da junta x função de transferência da calibração e do indicador

$$\frac{T_Q}{T_p} = \frac{Sensitivity}{Bourdon\ tube\ transfer\ function \times arm\ and\ joint\ transfer\ function \times calibration\ and\ indicator\ transfer\ function}$$

$$k = \frac{30}{0.25\ \times\ \mu\ \times 1} = 30$$

$$0.25\ \times 30\mu = 30$$

Nova função de transferência de ligação e braço:

$$\mu = \frac{1}{0.25} = 4\ deg./mm$$

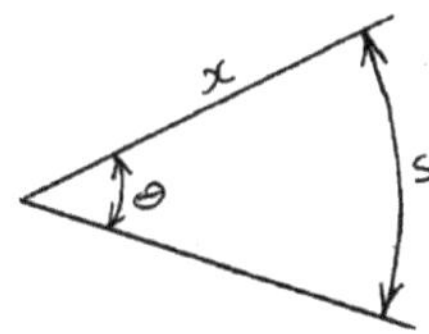

Também:

$$\mu = \frac{o/p}{i/p} = \frac{\theta}{s} = \ 4\ deg./mm$$

$$\therefore \theta = 4\ s$$

Uma vez que θ é um ângulo muito pequeno, $\tan\theta = \theta$ pode ser considerado. Assim, θ também pode ser expresso como:

$$\theta = \frac{s}{x} \times \frac{180^o}{\pi} = 4\,s$$

$$\therefore\ 4\,x\,\pi = 180^o$$

$$\therefore x = \frac{180^o}{4\pi} = 14.3\,mm$$

∴ Novo raio do braço = 14,3 mm

Para confirmar a resposta, as funções de transferência de todos os elementos são multiplicadas e assegura-se que são iguais à sensibilidade.

$$check : 0.25 \times 4 \times 30 \times = 30\,deg./bar$$

3.5.1.2 Manómetro

É um tubo em forma de U, como mostra a Figura (3.22). É normalmente enchido com água ou mercúrio até cerca de metade da altura do tubo em forma de U (o nível inicial é mostrado na figura). Se forem aplicadas pressões de P_2 e P_1 em ambas as extremidades do tubo, surgirá uma diferença de nível de h que é diretamente proporcional à diferença de pressão $(p_1 - p_2)$. Se uma extremidade do tubo em U estiver aberta à pressão atmosférica P_2 , o manómetro mede a diferença de pressão entre P_1 e a pressão atmosférica P_2 (ou seja, a pressão manométrica de p_1).

A diferença de pressão medida com um tubo em forma de U é expressa em milímetros (mm) de mercúrio (Hg) ou água (H_2o), dependendo do fluido utilizado. Para medir a diferença de pressão, pode ser utilizada a seguinte equação: Aumento do mercúrio devido à influência da pressão atmosférica

$$Measuring\ pressure = \frac{The\ difference\ in\ the\ given\ level}{Mercury\ rise\ due\ to\ the\ influence\ of\ atmospheric\ pressure} \times Atmospheric\ pressure$$

No nível mais baixo (Nível Mínimo ou Inferior) do manómetro, como na Figura (3.22), as pressões são iguais em ambas as extremidades, pelo que se pode utilizar a seguinte equação para exprimir a diferença de pressão.

$$Measuring\ pressure, p_1 - p_2 = \rho g h$$

A figura (3.22) abaixo mostra um manómetro vertical com a forma da letra U.

Para efeitos práticos, a pressão máxima que pode ser medida no tubo do manómetro (U) é de cerca de 1,5 atmosfera. Para pressões superiores a este valor, é necessário aumentar o comprimento do tubo e a quantidade de mercúrio necessária.

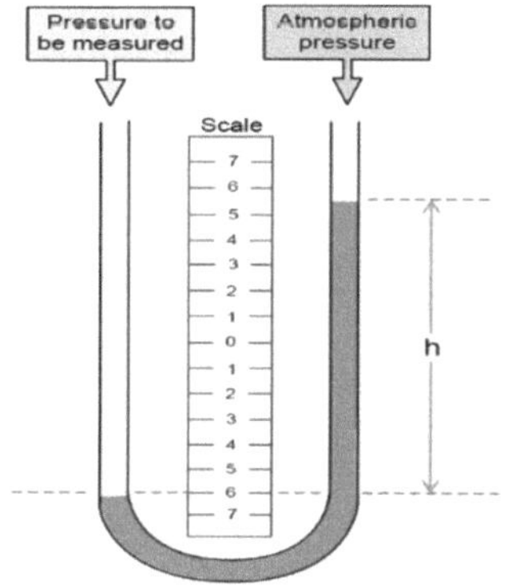

Figura (3.22) Manómetro vertical com a forma da letra U

Exemplo (2):

Um tubo em forma de U que contém mercúrio, numa das extremidades do qual está exposto à pressão atmosférica.

A. Para uma diferença de nível de 28,5 mm, especificar o seguinte:

1. A pressão manométrica.

2. A pressão absoluta.

Utilizar o Sistema Internacional de Unidades (SI).

B. Verifique a sua resposta à questão (A-1) utilizando o método alternativo.

C. Qual seria a diferença de nível se fosse utilizada água em vez de mercúrio à mesma pressão.

A solução:

A/1. Pressão de medição:

$Measuring\ pressure$

$$= \frac{The\ difference\ in\ the\ given\ level}{Mercury\ rise\ due\ to\ the\ influence\ of\ atmospheric\ pressure}$$

$\times\ Atmospheric\ pressure$

$$\frac{28.5}{670} \times 1.013 \times 10^5 = 3798.75\ N/\ m^2 \simeq 3.8kN/m^2\ or\ (kpa)$$

2. Pressão absoluta:

Pressão atmosférica + pressão manométrica = pressão absoluta

$$3.8 + 101.3 = 105.1\ kN/\ m^2$$

B / manómetro = ρgh

$$13.6 \times 10^3 \times 9.81 \times 0.0285 = 3800\ N/\ m^2 = 3.8kN/m^2$$

C/ A diferença no nível correspondente se for utilizada água em vez de mercúrio à mesma pressão:

$$h_w = h_m \times \frac{\rho_m}{\rho_w} = 13.6 \times 28.5 = 388\ mm\ H_2o$$

3.5.1.2.1 Manómetro de tubo em U com líquido acima do mercúrio

Quando um tubo em forma de U é utilizado para medir uma diferença de pressão de um líquido (por exemplo, a diferença de pressão entre a frente e o pescoço de um manómetro venturi). O ar retido é normalmente expulso do sistema através de torneiras de purga até que o líquido esteja completamente ligado ao mercúrio em ambas as extremidades do tubo.

No nível inferior, a pressão é igual em ambas as extremidades do tubo. Por conseguinte, a diferença de pressão pode ser calculada pela equação:

$$p_1 - p_2 = (13.6 - d) \times 10^3\ gh$$

Nesta fórmula, 13,6 é a gravidade específica ou densidade relativa do mercúrio e d é a densidade relativa do líquido acima do mercúrio.

Exemplo (3):

Um manómetro venturi ligado a um manómetro em forma de U contendo mercúrio, se o sistema estiver cheio de líquido.

Calcular a diferença de pressão entre a entrada do venturi e o seu gargalo quando a diferença de nível de mercúrio é de 170 mm, se o líquido acima do mercúrio for:

A. água.

B. O querosene tem uma densidade relativa de 0,8.

A solução:

A. $p_1 - p_2 = (13.6 - d) \times 10^3\ gh$

$= (13.6 - 1) \times 10^3 \times 9.81 \times 0.17 = 21000\ N/m^2 = 21\ kN/m^2$

B. $p_1 - p_2 = (13.6 - 0.8) \times 10^3 \times 9.81 \times 0.17 = 21300\ N/m^2 =$ $21.3\ kN/m^2$

3.5.1.2.2 O manómetro inclinado

Este tipo é utilizado para medir pequenas diferenças de pressão muito inferiores à pressão atmosférica. Para medir estas pressões muito pequenas num manómetro normal de tubo em U, é necessário utilizar água como líquido ou, de preferência, um óleo leve menos denso do que a água para obter uma maior diferença de nível no tubo em U. Existe uma grande probabilidade de erro de leitura num manómetro normal devido aos efeitos da gravidade, da inércia e das forças de coesão e de adesão. Por conseguinte, o manómetro reduz este erro, o que é feito inclinando uma das suas extremidades num pequeno ângulo $\propto$ em relação à horizontal. O efeito disso é a distribuição das divisões no gradiente na lateral do tubo. Portanto, cada mm da escala deve ser multiplicado por cosec $\propto$. Além disso, o que acontece com o outro lado? O nível deste lado deve ser o mais estável possível, e isso é feito expandindo a secção do tubo. Assim, o deslocamento de fluido necessário para a deflexão total do medidor na extremidade inclinada causa uma mudança no nível que pode ser ignorada na extremidade larga. Uma vez que a leitura do manómetro é altamente sensível a qualquer alteração no ângulo $\propto$, o dispositivo é normalmente transportado numa balança de água ou álcool (Spirit Level) até estar ajustado com precisão antes da utilização.

A figura (3.23) abaixo mostra a forma habitual em que se encontra um manómetro tubular inclinado.

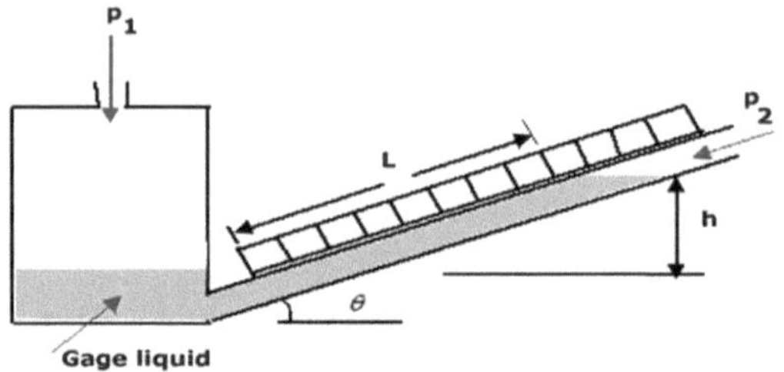

Figura (3.23) Manómetro tubular inclinado

Exemplo (4):

Um manómetro tubular inclinado que contém água e cuja extremidade está inclinada num ângulo de 8° em relação à horizontal. O diâmetro interno da extremidade oblíqua é de 2,5 mm e o da extremidade larga é de 38 mm. A gama de medição do dispositivo é de zero a$40mmH_2o$.

A. Determinar o comprimento do calibre de escala, a partir do qual se obtém o comprimento de 1mm da divisão de escala.

B. Supondo que o manómetro pode ser lido com uma precisão de ± 0,5 mm (em relação ao comprimento real), determinar o erro máximo quando se mede uma pressão de 10 mmH_2o é medida.

1. num manómetro normal.

2. num manómetro inclinado.

C. Determinar a mudança de nível na extremidade larga para obter a deflexão máxima da escala.

A solução:

A. No que respeita à figura (3.23), a relação entre o comprimento da escala e a altura vertical é ilustrada na figura seguinte:

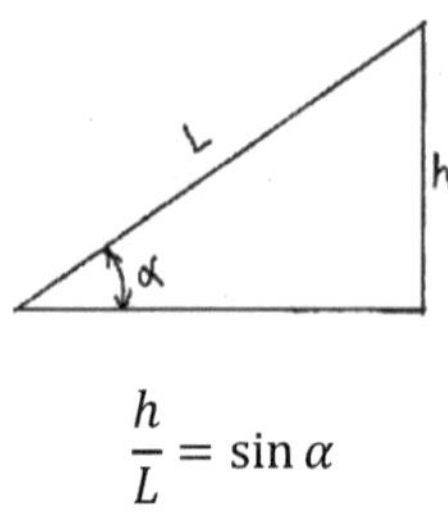

$$\frac{h}{L} = \sin \alpha$$

$$L = \frac{h}{\sin\alpha} = \frac{40}{\sin 8^o} = 287\ mm$$

Por conseguinte, 1 mm de altura vertical é equivalente a 7,19 mm (ou seja, 287/40) de altura diagonal ou escala graduada.

B. 1. Erro percentual máximo de um manómetro normal:

$$\frac{0.5mm}{10mm} \times 100\% = 5\%$$

2. Erro percentual de um manómetro inclinado:

$$\frac{0.5mm}{10 \times 7.19mm} \times 100\% = 0.7\%$$

C. Área da secção transversal interna da extremidade oblíqua:

$$A_i = \frac{\pi}{4} \times 2.5^2 = 4.91\ mm^2$$

O volume de líquido contido entre uma leitura de escala de (0) e (40):

$$= 287 \times 4.91 = 1411\ mm^3$$

Área da secção transversal interna da extremidade larga:

$$A_e = \frac{\pi}{4} \times 38^2 = 1134\ mm^2$$

Por conseguinte, a mudança de nível na extremidade larga para obter a leitura máxima da escala é:

$$\frac{1411}{1134} = 1.24\ mm$$

Isto significa que uma leitura de pressão de$40mmH_2o$ na escala de graduação é realmente $41.24mmH_2o$ como mostra a equação seguinte:

1,24 + 40 = 41,24 mm

Para retificar esta situação, as divisões em milímetros da escala devem ser encurtadas da seguinte forma:

$$\frac{7.19 \times 40}{41.24} = 6.97\ mm$$

A seguinte fórmula pode ser utilizada para obter diretamente o comprimento de 1 mm na escala:

$$Length\, of\ 1mm\ of\ Vertical\ gauge$$

$$= \left\{\frac{1}{(A_i/A_e)\ + sin\alpha}\ mm\right\} \text{ of the oblique gauge}$$

Em que: A_i = área da secção transversal da extremidade oblíqua e A_e = área da secção transversal da extremidade larga.

1mm de comprimento da escala vertical:

$$\frac{1}{4.91/1134 + sin8} = 6.97\ mm$$

Exemplo (5):

Um manómetro inclinado é utilizado para medir uma diferença de pressão de ar equivalente a 3 mm de água com uma precisão de ± 3%. O diâmetro interno da extremidade oblíqua é de 8 mm e o da extremidade larga é de 24 mm. A densidade do fluido manométrico é de 740 kg/m^3 . Encontrar o ângulo que a extremidade oblíqua faz com a coordenada horizontal para atingir a precisão requerida, assumindo que a escala pode ser lida com um erro máximo de ± 0,5 mm.

A solução:

Diferença de pressão do ar medida como água,h_w

$h_w = 3mm\ H_2o$

Precisão da medição = ±3%

$d_i = 8\ mm$

$d_e = 24\ mm$

$\rho_m = 740\ kg/m^3$

Encontrar: ∝ =?

O erro na leitura de calibração = ± 0,5 mm

A diferença de pressão do ar medida em relação ao fluido manométrico,

$$h_m = \frac{h_w \times \rho_w}{\rho_m} = 3 \times \frac{1000}{740} = 4.054\ mm$$

Fazer com que 1 mm da escala vertical represente x mm da escala inclinada (escala de graduação).

Percentagem de erro:

$$\frac{0.5}{4.054\,x} \times 100\% = 3\%$$

$$4.054\ \times 3\,x = 50$$

$$\therefore x = \frac{50}{3\ \times 4.054} = 4.11\,mm$$

Comprimento de 1mm da escala vertical = $\left\{\frac{1}{(A_i/A_e)\ + \sin\alpha}\ mm\right\}$ da escala inclinada

$$4.11 = \frac{1}{(8^2/24^2)\ +\ \sin\alpha}$$

$$4.11 = \frac{1}{(1/3)^2\ +\ \sin\alpha}$$

$$4.11\ \times\ (1/3)^2 + 4.11\ \sin\alpha = 1$$

$$\sin\alpha = \frac{1 - 4.11\ \times\ (1/3)^2}{4.11} = 0.1322$$

$$\therefore\ \alpha = \ sin^{-1}\,0.1322 = \ 7.597^o\ = \ 7^o35'48.3''\ \simeq\ 7^o36'$$

3.5.2 Transdutores de resistência

Os transdutores de resistência convertem uma alteração numa propriedade a ser medida numa alteração na resistência eléctrica. Uma vez que a alteração na resistência eléctrica só pode ser encontrada fazendo passar uma corrente através de uma resistência, os transdutores de resistência necessitam sempre de uma fonte de energia eléctrica.

Uma vantagem deste método é que a sua saída é sempre tensão ou corrente, pelo que um sinal modulado pode ser concebido de forma flexível.

Existem dois tipos de transdutores de resistência:

1. Transdutores de resistência para medição de deformações mecânicas (por exemplo, extensómetros).

2. Transdutores de resistência para medição da temperatura (isto é, termómetros e termístores de resistência).

3.5.2.1 Transdutores de resistência para medição de deformação

3.5.2.1.1 Medidores de tensão

Quando um condutor elétrico é sujeito a uma força de tração, o seu comprimento aumenta e a sua área de secção transversal diminui, tornando-se fino. Estes efeitos causam um pequeno aumento na resistência eléctrica do condutor. Este é o princípio de funcionamento do strain gauge.

Existem muitos tipos de extensómetros, e as diferenças entre eles podem ser classificadas de acordo com a árvore genealógica apresentada abaixo.

1. Medidor de tensão não ligado

Consiste em fios de ligação macios sob a forma de fios condutores entre dois conjuntos de cavilhas isolantes, como mostra a figura (3.8) abaixo:

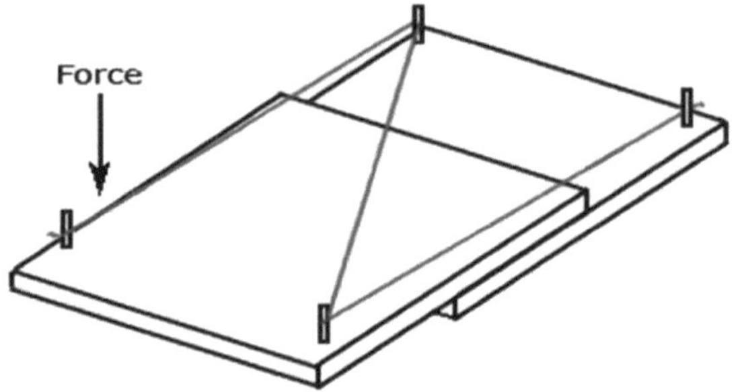

Figura (3.8) Medidor de tensão não ligado

A divergência de pontos devido a forças de tração provoca tensão de tração no fio da resistência, aumentando assim a sua resistência.

2. Medidor de tensão ligado

Salvo raras excepções de transdutores de uso especial, todos os extensómetros são extensómetros de rosca, o que significa que são rigidamente fixados por um adesivo adequado à máquina ou à peça em que a deformação deve ser medida. Isto faz com que o condutor seja sujeito à mesma tensão mecânica que o material a ele ligado. A fixação da escala ao material sujeito à tensão faz com que esta meça a tensão de compressão da mesma forma que a tensão de tração. Enquanto a tensão de tração aumenta a resistência do material, a tensão de compressão reduz a resistência do material. Existem três tipos principais de extensómetros ligados, como se mostra nas figuras seguintes, sendo todos eles muito sensíveis na medição da deformação na direção Y-Y e insensíveis na medição da deformação na direção X-X.

A. Calibre envolvente

A figura (3.9) abaixo mostra um desenho de um gabarito envolvente.

Neste tipo, verificamos que o fio do extensómetro é enrolado em torno de um cartão fino e plano coberto por duas folhas de papel ou plástico fino sob a forma de uma sanduíche.

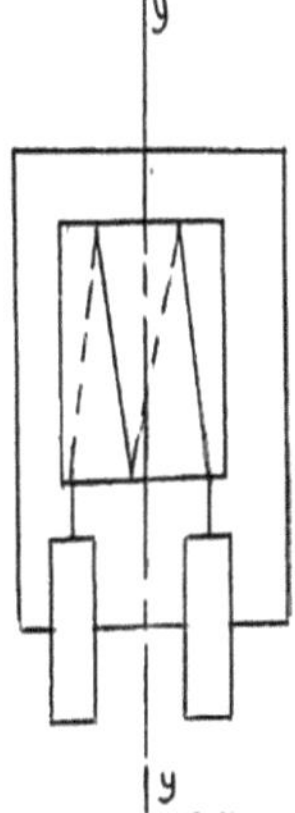

Figura (3.9) Gabarito envolvente

B. Medidor de tensão de grelha plana

A figura (3.10) abaixo mostra um extensómetro de grelha plana.

Neste tipo, verificamos que o fio do strain gauge é dobrado num plano, de modo a que existam comprimentos estendidos um ao lado do outro. Tal como um strain gauge enrolado ou envolvente, o fio é ensanduichado entre duas folhas de papel ou de plástico fino.

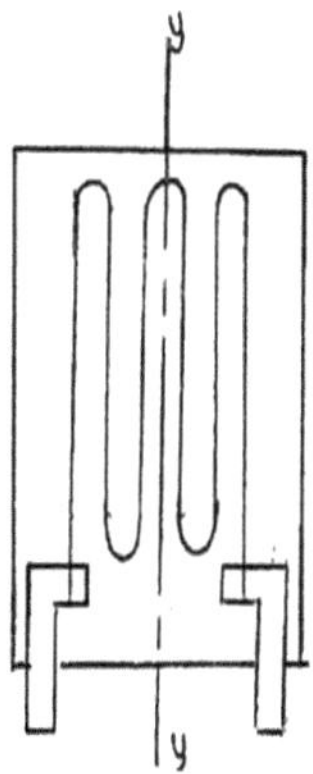

Figura (3.10) Um extensómetro de grelha plana

C/ o extensómetro de folha metálica

A figura (3.11) mostra o desenho de um extensómetro de folha metálica. É constituído por um condutor em ziguezague ou serrilhado extraído de uma tira metálica fina e colocado numa placa de base plástica fina.

O calibre de fio é a forma original dos extensómetros e é muito utilizado atualmente. No entanto, está a começar a ser substituído pelo calibre de folha metálica, que proporciona um melhor rácio de aspeto em relação à área da secção transversal do condutor e proporciona uma melhor aderência e perda de calor.

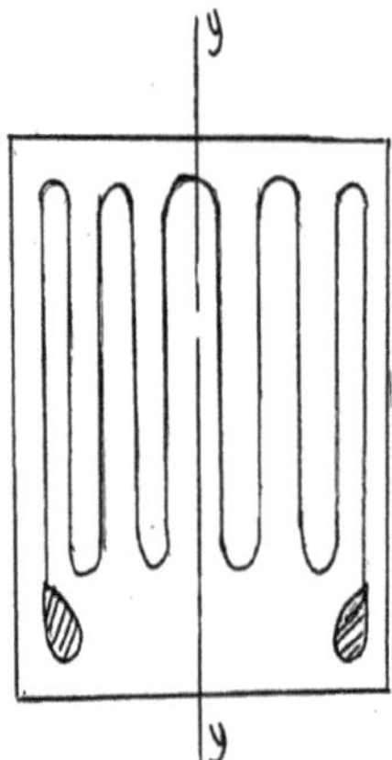

Figura (3.11) o extensómetro de folha metálica

Quando a peça a ser medida é esticada, a sua secção transversal diminui lateralmente, (isto é, significa que tem uma deformação negativa de cerca de 0,3 vezes a deformação longitudinal positiva, em que 0,3 é o coeficiente de Poisson).

O coeficiente de Poisson é obtido da seguinte forma:

$$\nu = \frac{Lateral\ strain}{Longitudinal\ strain} = \frac{-\epsilon_x}{\epsilon_y}$$

Onde: ϵ_x é a deformação transversal e ϵ_y é a deformação longitudinal.

A extremidade anular do extensómetro sofre uma alteração na resistência devido a esta deformação transversal negativa na peça a ser testada, causando um erro na leitura da resistência e, consequentemente, da deformação. Este efeito é chamado de sensibilidade cruzada. Nos extensómetros de folha metálica, é fácil deixar extremidades de anel largas para reduzir grandemente a sensibilidade cruzada.

A resistência do extensómetro ligado altera-se devido à alteração da tensão no elemento de fio ou tira. Uma vez que o nosso objetivo é medir a tensão no material, ao qual o extensómetro está ligado. A tensão do extensómetro deve ser tão próxima quanto possível da tensão do material e, para tal, a cobertura do extensómetro, se for um pedaço de papel ou de plástico, deve ser colada junto ao material. Se a cola for demasiado espessa, a tensão do gabarito será inferior à do material colado.

Existem muitas colas disponíveis para colar diferentes materiais de embalagem a diferentes superfícies. Por conseguinte, é sempre aconselhável seguir as instruções do produto em cada caso. Em todo o caso, podem aplicar-se as seguintes disposições gerais:

i. Limpar o material ao qual o contador está ligado, de modo a que fique isento de óxidos, gorduras ou qualquer outro contaminante.

ii. Limpar a superfície do contador a fixar utilizando soluções de limpeza adequadas.

iii. Espalhar a cola uniformemente sobre o material, colocar o calibre sobre o material, pressionar firmemente na posição adequada para expulsar as bolhas de ar retidas e verificar o alinhamento do calibre. Deixar o adesivo secar completamente antes de soldar as juntas.

iv. Quando o adesivo estiver seco, protegê-lo das intempéries com uma tampa adequada, tal como recomendado pelo fabricante.

Podem ocorrer erros se a espessura do adesivo for grande e devido às taxas variáveis de expansão térmica do material e do calibre a diferentes temperaturas. Por exemplo, se a temperatura aumentar, o material do calibre expandir-se-á mais do que o material, mas isso não acontecerá porque está completamente ligado ao material, o que resultará numa tensão de compressão no calibre. Um meio de reduzir isso é combinar os coeficientes de expansão térmica do calibre e do material.

3. Medidores de tensão para semicondutores

É uma adição recente aos extensómetros. O condutor é um cristal de germânio ou silício que é tratado com impurezas para tornar a sua resistência altamente sensível à deformação. Além disso, a sensibilidade destes extensómetros é cerca de cem vezes superior à dos extensómetros normais, pelo que são utilizados para medir deformações muito pequenas.

3.5.2.1.2 Cálculo da deformação

A deformação mecânica, denotada pelo símbolo grego ϵ, é calculada da seguinte forma:

$$\epsilon_{mech.} = \frac{\delta L}{L}$$

Onde: δL é o alongamento e L é o comprimento original.

A tensão eléctrica correspondente pode ser calculada do seguinte modo

$$\epsilon_{elec.} = \frac{\delta R}{R}$$

Onde: δR é o aumento da resistência e R é a resistência original.

A deformação eléctrica do extensómetro é diretamente proporcional à deformação mecânica:

$$\frac{\delta R}{R} \propto \epsilon_{mech.}$$

$$\therefore \frac{\delta R}{R} = K\epsilon \;\rightarrow *$$

A equação * é a equação básica para converter a deformação eléctrica em deformação mecânica. Em que K é a constante de proporcionalidade para a relação entre as deformações eléctricas e mecânicas e é designada por fator de escala do extensómetro. Os fabricantes de extensómetros determinam o fator de escala a partir de testes de amostras para um determinado extensómetro. Este tem normalmente um valor de dois, exceto no caso dos extensómetros de semicondutores, que têm um fator de escala na gama (100-300). Os factores de escala são os mesmos para expansão e contração.

Exemplo (6):

Um extensómetro está ligado a uma barra retangular, como se mostra na Figura (3.12) abaixo. A resistência do strain gauge é de 120,27 ohms e o seu fator de escala é de 2,1. As dimensões da secção da barra são 6mm x 25mm, e o módulo de elasticidade do material da barra é $200GN/m^2$.

Se a barra for sujeita a uma carga de tensão (F), a resistência do extensómetro muda para 120,42 ohms. Determine:

A / tensão no tema da barra.

B/ Tensão no tema do bar.

C / o valor da carga.

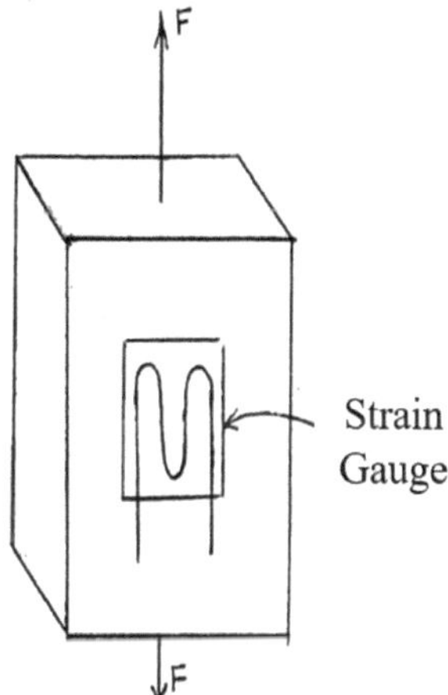

Figura (3.12) um extensómetro ligado a uma barra retangular

A solução:

A. variação da resistência, δ R:

$$\delta R = 120.42 - 120.27 = 0.15\ \Omega$$

$$\frac{\delta R}{R} = K\epsilon$$

$$\frac{0.15}{120.27} = 2.1\ \epsilon$$

$$\therefore\ \epsilon = \frac{0.15}{120.27\ \times 2.1} = 0.000594\quad \text{(Dimensionless quantity)}$$

Ou $594\ microstrain = 594\ \times\ 10^{-6}$

É um valor não-dimensional.

B. encontrar: σ =?

Módulo de elasticidade,

$$E = \frac{\sigma}{\epsilon}$$

$$\therefore\ \sigma = \epsilon\, E = 594\ \times\ 10^{-6}\ \times 200\ \times\ 10^{9} = 118.8\ \times\ 10^{6}\ N/\ m^{2}$$

$$= 118.8\ MN/m^{2}\ =\ 118.8\ N/mm^{2}$$

C. F =?

$$\text{Stress} \text{، } \sigma = \frac{F}{A} = \frac{\text{Load}}{\text{Section area perpendicular to the load}}$$

$$\therefore F = \sigma . A = 118.8 \times 25 \times 6 = 17820\, N = 17.82\, kN$$

Exemplo (7):

A barra do exemplo anterior é carregada de modo a que uma tensão de compressão uniforme sobre a área da secção transversal seja $30\, N/mm^2$. Determine a resistência do extensómetro quando a barra suporta esta nova tensão.

A solução:

Módulo de elasticidade,

$$E = \frac{\sigma}{\epsilon}$$

$$\epsilon = \frac{\sigma}{E}$$

Considerar os valores de tração como positivos e os valores de compressão como negativos.

$$\sigma_c = -30\, N/mm^2 = -30\, MN/m^2 = -0.03\, GN/m^2$$

$$\epsilon = \frac{-0.03}{200} = -0.00015$$

$$\frac{\delta R}{R} = k\, \epsilon$$

$$\frac{\delta R}{120.27} = 2.1 \times (-0.00015)$$

$$\therefore \delta R = 120.27 \times 2.1 \times (-0.00015) = -0.038\, \Omega$$

Por conseguinte, a resistência do extensómetro,

$$R_f = 120.27 - 0.038 = 120.232\, \Omega$$

Exemplo (8):

Um extensómetro com um coeficiente de dilatação linear à temperatura de $16 \times 10^{-6}\, {}^{o}c^{-1}$ está ligado a um pedaço de duralumínio cujo coeficiente de dilatação linear é $23 \times 10^{-6}\, {}^{o}c^{-1}$. Calcule a deformação quando a temperatura é aumentada em $80^{o}C$.

A solução:

Seja L o comprimento do extensómetro.

$$Expansion\ of\ Duralumin\ ،\ \delta L = L \times 23 \times 10^{-6} \times 80 = 1840\, L \times 10^{-6}$$

$$Expansion\ of\ the\ gauge\ ،\ \delta L = L \times 16 \times 10^{-6} \times 80 = 1280\, L \times 10^{-6}$$

Por conseguinte, a escala expandir-se-á em:

$$x = (1840 - 1280)L \times 10^{-6} = 560\, L \times 10^{-6}$$

$$\text{Strain of the gauge } ،\ \epsilon = \frac{x}{L} = \frac{560\, L \times 10^{-6}}{L} = 560 \times 10^{-6}$$

$$= 0.56 \times 10^{-3}$$

Este é um valor elevado e, sem alguma correção, as medições de deformação em condições de temperatura variável serão imprecisas.

3.5.2.2 Transdutores de resistência para medição de temperatura

A maioria dos metais aumenta a sua resistência eléctrica com o aumento da temperatura. Este princípio é utilizado em dispositivos de medição de temperatura conhecidos como termómetros de resistência. Uma vez que a alteração da resistência resultante de uma pequena alteração da temperatura tem um valor muito pequeno, para fabricar um sistema de medição, é necessário um condicionador de sinal sob a forma de um circuito de ponte de Wheatstone, o que torna o termómetro de resistência mais preciso na medição da temperatura, especialmente a temperaturas elevadas.

Sir Charles Wheatstone desenvolveu a ponte de Wheatstone no século XIX. Trata-se de um circuito para medir a resistência com exatidão. A figura (3.13) abaixo mostra o circuito da ponte.

Onde, R_A = a resistência a ser medida.

R_D = resistência fixa.

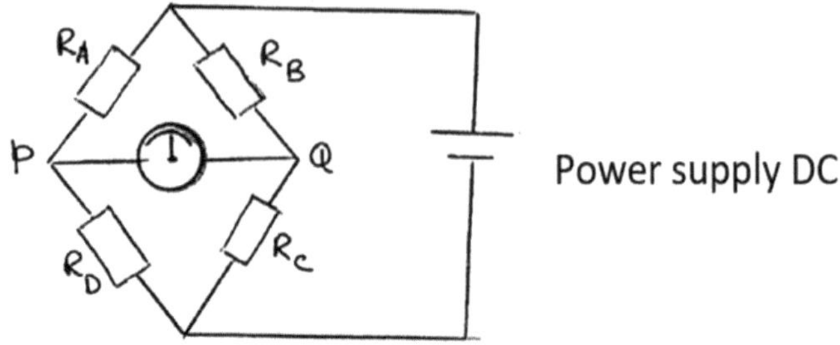

Figura (3.13) Circuito em ponte de Wheatstone

O rácio R_B/R_C pode ser definido através de R_B ou $R_C$uma resistência variável, ou fazendo ($R_B + R_C$) uma resistência variável de corrente contínua constante no ponto de derivação do galvanómetro.

O galvanómetro é uma escala com uma bobina móvel sensível cujo centro é o zero, o que significa que a escala é dividida em várias secções iguais, colocando o zero no meio da escala, e o ponteiro indica sempre a posição zero quando o dispositivo não é utilizado. Para utilizar o circuito em ponte para medir a resistência R_Aé necessário equilibrar a ponte, o que é feito ajustando a relação R_B/R_C até que o galvanómetro aponte para zero, o que significa que não há corrente a passar por ele e que não há tensão entre as suas extremidades (ou seja, a tensão nos pontos P e Q é igual).

Agora R_A e $R_D$têm a mesma corrente.

$$voltage\ at\ P = \frac{R_D}{R_A + R_D} \times voltage\ of\ power\ supply$$

Para além disso, R_B e R_C têm a mesma intensidade de corrente.

$$voltage\ at\ Q = \frac{R_C}{R_B + R_C} \times voltage\ of\ power\ supply$$

Por conseguinte, ao equilibrar a ponte,

$$\frac{R_C}{R_B + R_C} = \frac{R_D}{R_A + R_D}$$

$$\therefore\ R_C\,(R_A + R_D) = R_D\,(R_B + R_C)$$

$$R_A R_C + R_C R_D = R_B R_D + R_C R_D$$

$$\therefore\ \frac{R_A}{R_D} = \frac{R_B}{R_C}$$

$$\therefore R_A = R_D \times \frac{R_B}{R_C}$$

Este resultado é independente da tensão de alimentação.

Exemplo (9):

Encontrar R_A se R_B e, R_D= 390 Ω, R_C=180 Ω

Pode ser sintonizado em 227,3 Ω para equalização ou balanceamento da ponte.

A solução:

$$R_A = R_D \times \frac{R_B}{R_C}$$

$$\therefore R_A = 390 \times \frac{227.3}{180} = 492\,\Omega$$

3.5.2.2.1 O termómetro de resistência

A figura (3.14) abaixo mostra um termómetro de resistência ligado a um circuito de ponte de Wheatstone. A maioria dos metais aumenta a sua resistência à medida que a sua temperatura aumenta. Numa pequena gama de resistências, este aumento é diretamente proporcional ao aumento da temperatura. Se a resistência de um determinado comprimento de fio a$0^o c$ é $R_o$então a sua resistência R a uma temperatura de $t^o c$ é dada pela seguinte equação:

$$R = R_o\,(1 + \alpha\, t)$$

Em que: α = uma constante (coeficiente de dilatação linear da temperatura).

Um termómetro de resistência é constituído por uma pequena bobina e um circuito que mede a variação da sua resistência. Existem três tipos de fios que podem ser utilizados na bobina: cobre, níquel e platina. A platina é preferida porque resiste à ferrugem e à oxidação. A platina tem uma resistência de 100 ohms e é feita de um fio de 0,1 mm de diâmetro enrolado num pedaço de mica e envolvido numa capa protetora.

Protection Cover

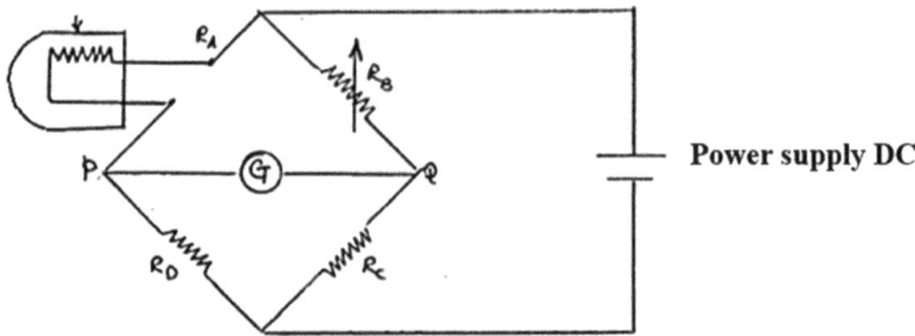

Figura (3.14) um termómetro de resistência ligado a um circuito de ponte de Wheatstone

Exemplo (10):

Um termómetro de resistência de platina é regulado colocando a bobina de resistência primeiro numa célula de três pontos e depois em vapor de água à pressão atmosférica normal. Em cada caso, a sua resistência é medida com uma ponte de Wheatstone, obtendo-se os seguintes valores, respetivamente, 102,515 ohms e 142,482 ohms. Além disso, quando é colocado num líquido de temperatura desconhecida, verifica-se que a sua resistência é igual a 131,635 ohms. Assumindo uma relação linear entre temperatura e resistência, qual é a temperatura do líquido?

A. na escala Celsius.

B. Em termos absolutos (escala Kelvin).

A solução:

A temperatura de três pontos é definida como 〚$0.01^o c$e o ponto de ebulição da água à pressão atmosférica é $100^o c$.

A partir da seguinte equação,

$$R = R_o\,(1 + \alpha\, t)$$

$$102.515 = R_o\,(1 + 0.01\,\alpha\,) \;\rightarrow\; (1)$$

$$142.482 = R_o\,(1 + 100\,\alpha\,) \;\rightarrow\; (2)$$

Dividindo a equação (1) ÷ (2) e multiplicando pelo inverso, obtém-se

$$102.515 + 10251.5\,\alpha = 142.482 + 1.42482\,\alpha$$

$$10251.5\,\alpha = 39.967$$

$$\therefore \ \alpha = \frac{39.967}{10250.08} = 3.9 \times 10^{-3} = 0.0039$$

Da equação (1),

$$102.515 = R_o \,(1 + 0.01 \times 0.0039)$$

$$\therefore \ R_o = \frac{102.515}{1.000039} = 102.511$$

$$\therefore 131.635 = 102.511\,(1 + 0.0039\,t)$$

Temperatura em centígrados,

$$t = 72.85^o\ c$$

Temperatura em Kelvin,

$$T = 72.85 + 273.15 = 346\ K$$

Ou de outra forma (i.e. semelhança de triângulos) como no desenho abaixo,

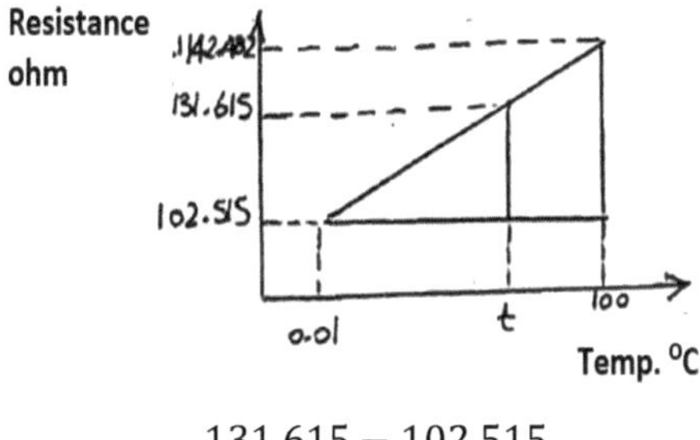

$$t = 0.01 + \frac{131.615 - 102.515}{142.482 - 102.515} \times 99.99$$

$$\therefore t = 72.81^o\ c$$

$$T = 72.81 + 273.15 = 345.96 \simeq 346$$

3.5.2.2.2 O Termistor

Um termistor é um conversor de temperatura menos preciso mas mais sensível e é sempre alimentado diretamente sem necessidade de um condicionamento de sinal.

O termístor é um dos tipos de semicondutores, em que a sua resistência varia consoante a variação da temperatura, de acordo com a equação$R = A\ e^{B/T}$. O material do termístor é maioritariamente constituído por óxidos metálicos.

Onde: A e B = Constantes, e T = Temperatura absoluta.

Esta equação dá uma grande queda na resistência com um pequeno aumento na temperatura.

A Figura (3.15) abaixo mostra o gráfico de temperatura versus resistência para termistor e cobre. Para comparar os dois diagramas, tomamos a razão

$\frac{R}{R_o}$ que é o rácio entre a resistência real e a resistência a $0^o\ c$ em vez de R.

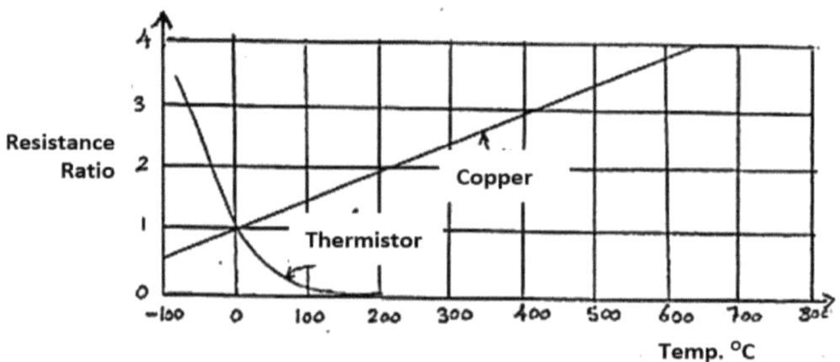

Figura (3.15) Gráfico de temperatura versus resistência para termistor e cobre

Pode ver-se no diagrama que o termístor pode ser utilizado como transdutor de temperatura numa pequena gama de temperaturas. Um exemplo disto é o sistema de medição da temperatura da água nos motores dos automóveis, uma vez que não necessitamos tanto de precisão na medição como de determinar três casos, que são se a água está fria, normal ou quente. O amperímetro, neste caso, não é um medidor de bobina móvel, existe um indicador transportado numa tira metálica de dois materiais que é aquecida pela corrente e se expande em conformidade e é o tipo predominante de dispositivo de visualização.

Uma das vantagens do termistor é o facto de ser utilizado para medir a temperatura com maior precisão até uma temperatura de$300^o\ c$e com maior sensibilidade, e pode ser fabricado num tamanho mais pequeno, e pode medir a temperatura num ponto com uma resposta rápida.

A figura (3.16) abaixo mostra um sistema para medir a temperatura da água de refrigeração num automóvel.

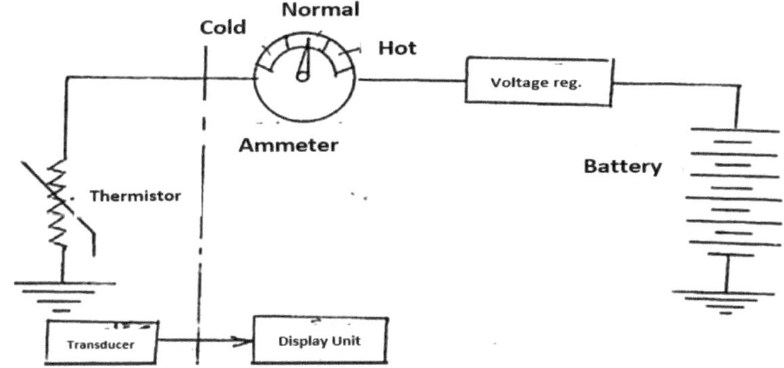

Figura (3.16) um sistema de medição da temperatura da água de refrigeração num automóvel

Exemplo (11):

Numa experiência laboratorial para determinar as propriedades de um termistor utilizado como transdutor da temperatura da água de refrigeração num motor de automóvel. O termistor foi suspenso numa mistura de gelo e sal, que foi gradualmente aumentada até ao ponto de ebulição e depois deixada arrefecer. Foram feitas várias leituras da temperatura da mistura com um termómetro e a resistência do termístor foi medida com um multímetro digital, com os seguintes resultados apresentados na tabela abaixo:

21	43	66	97	100	85	76	55	36	17.5	3.5	-5	**Temp.** (o_C)
581	**171.4**	**55.6**	**14.2**	**13.3**	**24.3**	**36.2**	**97.7**	**263**	**675**	**1831**	**3260**	**R** **(Ω)**

A. Desenhar um diagrama de calibração do termistor.

B. Determine a lei do termistor.

A solução:

A. Gráfico de calibração do termistor.

O esquema de calibração do termístor é elaborado a partir dos dados apresentados no quadro acima.

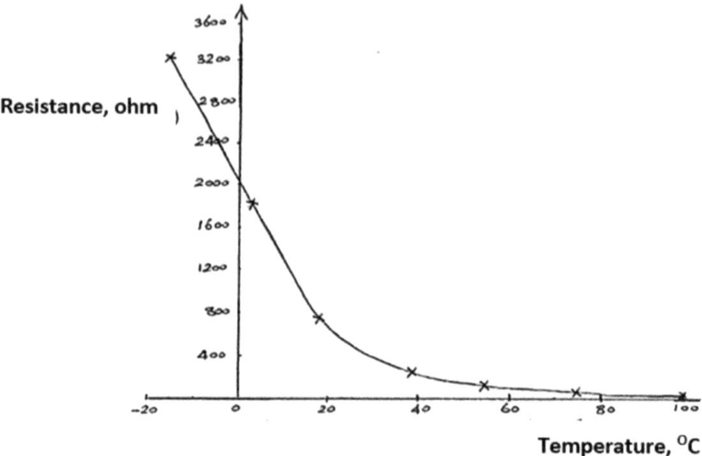

B. A lei geral para um termistor é $R = A\, e^{B/T}$

Tomando o logaritmo natural de ambos os lados da equação, (ou seja, logaritmo à base e):

$$\ln R = \ln\ (A\, e^{B/T})$$

$$\ln R = \ln \mathrm{A} + \ln e^{B/T}$$

$$\ln R = \frac{B}{T} \ln \mathrm{e} + \ln A = \frac{B}{T} + \ln A \quad \rightarrow (1)$$

Esta equação tem a forma $y = ax + b$

Onde:

$$\ln R = \mathrm{y}$$

$$\frac{1}{T} = x$$

$$\ln A = \mathrm{b}$$

$$B = a$$

Assim, se ln R for traçado contra 1/T, obtém-se uma reta a partir da qual se podem encontrar as constantes ln A e B e, portanto, o valor de A.

Temperatura (t))ºC(	**Resistência (R) (Ohm)**	**Temperatura absoluta (T) (Kelvin)**	$\frac{1}{T}\ (K^{-1})$	$\ln R$
-5	3260	273-5=268	0.00373	8.09
3.5	1831	273+3.5=276.5	0.00362	7.51
17.5	765	290.5	0.00344	6.64
36	263	309	0.00324	5.57
55	97.7	328	0.00305	4.58
76	36.2	349	0.00287	3.59
85	24.3	358	0.00279	3.19
100	13.3	373	0.00268	2.59
97	14.2	370	0.00270	2.65
66	55.6	339	0.00295	4.02
43	171.4	316	0.00316	5.14
21	581	294	0.00340	6.36

Tomar dois pontos sobre a reta,

$$\ln R = 8.09\ , \qquad \frac{1}{T} = 0.00373\ K^{-1}$$

E também,

$$\ln R = 3.19\ , \qquad \frac{1}{T} = 0.00279\ K^{-1}$$

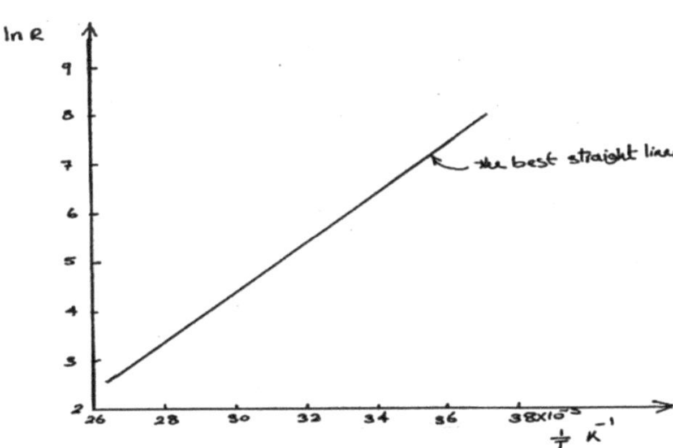

Substituindo na equação (1), obtemos um par de equações que podem ser resolvidas simultaneamente:

$$8.09 = 0.00373\,B + \ln A \ \rightarrow (2)$$

$$3.19 = 0.00279\,B + \ln A \ \rightarrow (3)$$

Subtraindo a equação (3) da equação (2), obtém-se:

$$4.90 = 0.00094\,B$$

$$\therefore B = \frac{4.9}{0.00094} = 5213\,K$$

Substituindo na equação (2),

$$8.09 = 0.00373\ \times 5213 + \ln A$$

$$\ln A = 8.09 - 0.00373\ \times 5213 = \ -11.35$$

$$\ln A = \ \log_e A = x = \ -11.35$$

$$\because A = \ e^x$$

$$\therefore A = \ e^{-11.35} = 0.00001177\ \Omega$$

Assim, a lei geral para um termistor pode ser escrita como:

$$R = 0.0000117\ e^{5213/T}$$

3.5.3 Dispositivos de medição da temperatura

Quando diferentes materiais sofrem alterações de temperatura, podem também ocorrer alterações de propriedades como a dimensão, a resistividade, a cor e o estado. Para combinações de metais, as alterações de temperatura também produzem uma pequena força eletromotriz. Estas alterações que ocorrem são utilizadas nos dispositivos de medição de temperatura descritos abaixo.

3.5.3.1 Termómetros de vidro de líquido em tubo

Quando um líquido é aquecido, expande-se, ou seja, aumenta de tamanho, e quando arrefece, encolhe, ou seja, diminui de tamanho. Esta mudança de temperatura pode ser utilizada em termómetros de líquido em vidro. A figura (3.17) abaixo mostra um termómetro de líquido em tubo de vidro.

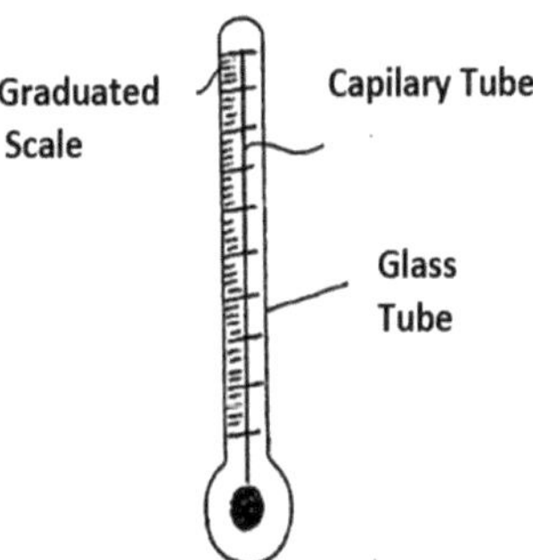

Figura (3.17) Termómetro de vidro para líquido em tubo

Num termómetro de líquido num tubo de vidro, ilustrado na Figura (3.17), o bolbo de vidro fino contém um líquido, neste caso mercúrio, que é livre de se expandir ao longo do diâmetro liso do tubo de vidro, que é designado por tubo capilar. O espaço no qual o mercúrio se expande pode ser um vácuo ou conter azoto gasoso. É importante que o tubo capilar tenha um diâmetro uniforme ao longo do seu comprimento, de modo a que alterações iguais de temperatura produzam alterações iguais no comprimento da coluna de mercúrio. As marcações gravadas no exterior do termómetro são uma gradação de temperatura. É habitual marcar a graduação em graus Celsius (^{O} C).

Na escala de temperatura Celsius, as temperaturas de $0^o\, c$ e $100^o\, c$ estão relacionadas, respetivamente, com o ponto de congelação e o ponto de ebulição da água à pressão atmosférica normal. A pressão atmosférica normal é de 101,325 kN/m^2 .

Os líquidos utilizados nos termómetros devem, idealmente, possuir

A. Bom coeficiente de expansão volumétrica.

B. Não molhar o vidro, ou seja, o líquido não deve aderir à superfície do vidro.

c. Deve ser facilmente visível.

D. Tem um ponto de congelação baixo, um ponto de ebulição elevado, ou ambos.

Alguns dos fluidos utilizados nos termómetros são apresentados no quadro (3.1) abaixo:

Tabela (3.1) alguns fluidos utilizados nos termómetros

Líquido	Gama de temperaturas (^{O} C)
Mercúrio	De -3,9 para +350
Álcool	+70 De -80 a
Creosoto	De -5 a +200
Pentano	De - 200 a +30
Tolueno	De -80 a +100

Para tornar os líquidos mais visíveis, alguns deles podem ser tingidos com uma cor distinta. O limite superior de temperatura indicado no quadro acima para o mercúrio pode ser aumentado para cerca de 510° c introduzindo azoto gasoso sob pressão no espaço acima do líquido. O efeito do gás é aumentar o ponto de ebulição do mercúrio. O ponto de ebulição pode ser aumentado ainda mais aumentando a pressão, mas isto é de utilidade limitada, uma vez que o próprio vidro começará a derreter. Os termómetros de líquido num tubo de vidro são baratos, fáceis de utilizar e portáteis.

As principais desvantagens destes dispositivos são:

i. É frágil e fácil de partir.

ii. Tem uma resposta lenta às mudanças de temperatura.

iii. Utilizado apenas quando a coluna de líquido é visível.

iv. Não pode ser utilizado para medir a temperatura da superfície.

v. Não podem ser adaptados como sensores para o autocontrolo da temperatura.

vi. Não pode ser lido à distância.

3.5.3.2 Termopares

Um circuito de termopar é ilustrado na Figura (3.18) abaixo. Consiste em dois fios metálicos diferentes que são unidos nas suas extremidades para formar pontos de ligação. Se um ponto de condução for aquecido e o outro arrefecido, será gerada uma pequena corrente contínua de força eletromotriz (f.e.m.). Se esta força eletromotriz for medida, então a diferença de temperatura entre os pontos de ligação quente e frio pode ser determinada através do conhecimento da propriedade térmica/eléctrica ou da sensibilidade dos metais combinados indicados na Tabela (3.2) abaixo.

Se a temperatura do ponto de junção a frio for conhecida, então:

Temperatura da junção quente = temperatura do ponto de junção frio + diferença de temperatura.

Tabela (3.2) Sensibilidade aos metais combinados

Combinação de metais	**Gama de temperaturas)leitura contínua ((C^o)**	**Sensibilidade (mV/C^o)**
Cobre - Constantan	-250 a + 400	0.03
Ferro - Constantan	-200 a + 850	0.05
Cromel - alumel	-200 a + 1100	0.04
Platina /**10%** de platina com ródio	0 a + 1400	0.06

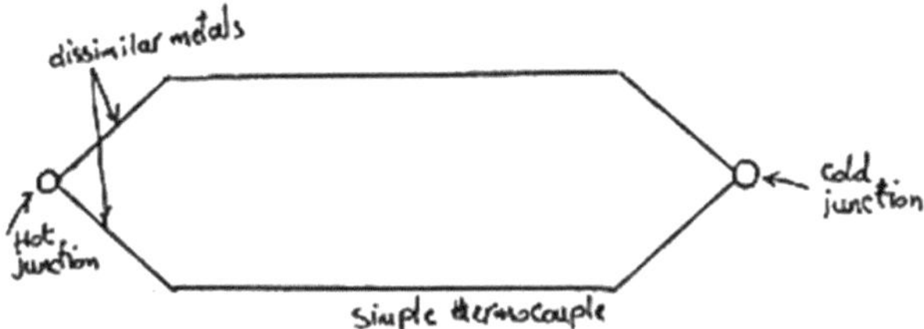

Figura (3.18) Circuito do termopar

Exemplo (12):

A força eletromotriz e.m.f de um termopar feito de ferro constantan é de 3,5mV. Se a junção fria estiver a 8 ^oc especifique a temperatura da junção quente.

A partir do quadro (3.2) acima, a sensibilidade do ferro-constantano é $0.05\ mV/^oc$.

$$temperature\ difference\ for\ 3.5\ m\,V = \frac{3.5\ mV}{0.05\ mV\ /^o\ c} = 70^o\ c$$

Temperatura do ponto quente = diferença de temperatura + temperatura do ponto frio

Temperatura do ponto quente:

$$8^o\ c + \ 70^o\ c = \ 78^o\ c$$

(Ou seja, a temperatura do ponto quente é $78^o\ c$)

3.5.4 Dispositivos de medição de tensão e corrente

3.5.4.1 O medidor de bobina móvel

O transdutor é uma bobina de fio muito fino revestido e enrolado num bloco retangular de alumínio e fechado de modo a rodar livremente cerca de 90 graus no campo magnético entre os pólos do íman permanente. O espaço entre os eléctrodos é circular e um núcleo cilíndrico de ferro macio está suspenso de forma rígida e centralizada no espaço para atrair o campo magnético, de modo a ficar aproximadamente radial ao centro de rotação da bobina. A bobina pode rodar no espaço entre os pólos do íman e o núcleo de ferro. A figura (3.19) abaixo mostra a força magnética que actua sobre um condutor elétrico num campo magnético.

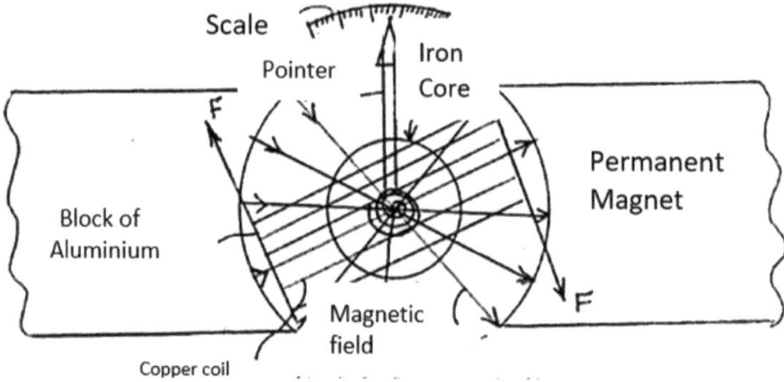

Figura (3.19) A força magnética que actua sobre um condutor elétrico num campo magnético

A força magnética que actua sobre um condutor elétrico num campo magnético é proporcional à corrente que atravessa o condutor e é ortogonal ao campo magnético e à corrente. Assim, a força total, F, que actua num dos lados da bobina da figura (3.19) é proporcional à corrente. No outro lado da bobina, o sentido do campo não se altera, mas a corrente circula em sentido oposto, pelo que se produz uma força F igual e oposta. As duas forças formam um par que produz um binário proporcional à corrente.

Precisamos agora de uma forma de converter o binário num deslocamento angular e isso é possível com a utilização de uma mola de torção helicoidal, como as utilizadas nos relógios mecânicos. É necessário mostrar a rotação da bobina numa direção oposta ao binário da resistência da mola, o que é feito instalando um indicador radial na bobina para indicar determinados valores no quadro de classificação.

O diagrama de blocos da balança de bobina móvel está representado na Fig. (3.20) abaixo.

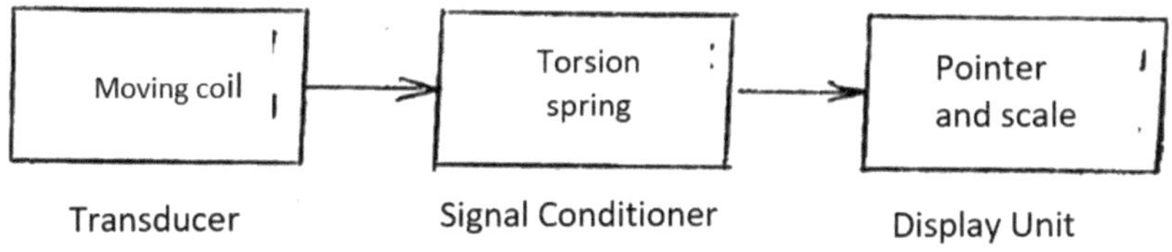

Figura (3.20) Diagrama de blocos da balança de bobina móvel

Exemplo (13):

A bobina de uma balança de bobina móvel produz um binário de 0,002N.m quando nela circula uma corrente de 500 μA. Determine a tensão adequada da mola helicoidal se a escala ler 100 μA numa escala completa de 90° de deflexão.

A solução:

Ganho ou função de transferência:

$$G = \frac{o/P}{i/P} = \frac{0.002}{0.0005} = 4\, N.m/\, A$$

Sensibilidade ou fator de escala do dispositivo:

$$\frac{o/P}{i/P} = \frac{90}{0.0001} = 900000\, deg./\, A$$

Assim, o diagrama de blocos dos valores numéricos pode ser representado da seguinte forma:

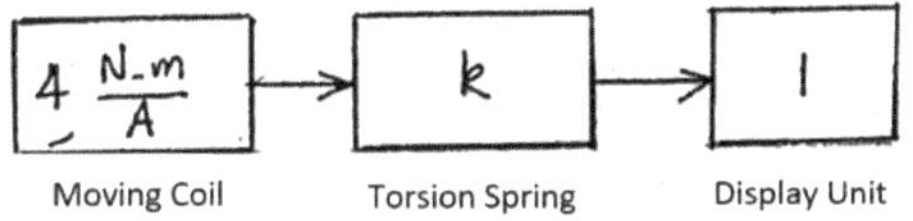

$$4\frac{N.m}{A} \times k \times 1 = 900000\,\frac{deg.}{A}$$

$$\therefore R = 900000\,\frac{deg.}{A} \times \frac{1}{4}\frac{A}{N.m} = 225000\, deg./N.m$$

No entanto, a rigidez à torção da mola (λ) é igual a T/θ e a sua unidade é (N.m)/(deg.).

Por conseguinte, a rigidez pretendida é o recíproco de k:

$$\lambda = \frac{1}{k} = \frac{1}{225000}\frac{N.m}{deg.}$$

$$= 4.44 \times 10^{-6} \frac{N.m}{deg.}$$

3.5.4.2 Voltímetros e amperímetros

Percebemos agora que um medidor de bobina móvel é um dispositivo sensível para medir a corrente. Uma vez que o fio da bobina é fino, tem uma resistência eléctrica elevada (ou seja, cerca de 300 ohms), e qualquer corrente pequena faz com que dê um valor extremo (desvio total da escala). Se passar uma corrente superior à deflexão máxima do gradiente, a bobina derrete e o dispositivo falha. No entanto, podem medir-se grandes correntes utilizando o amperímetro com uma bobina móvel, fazendo passar a maior parte da corrente através de um shunt com uma resistência muito pequena ligado em paralelo com o circuito do amperímetro, como na figura (3.21).

Embora a lima se funda ao aplicar uma diferença de esforço relativamente pequena entre as suas duas extremidades. Assim, um medidor pode ser utilizado para medir a grande tensão, colocando uma resistência muito grande ligada em série com o medidor, como mostra a Figura (3.22).

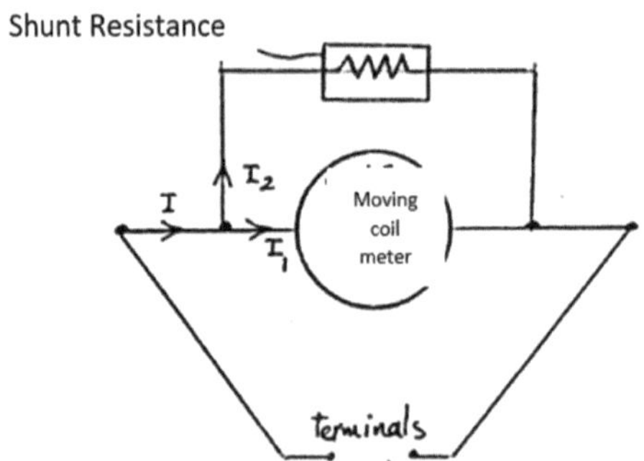

Figura (3.21) Amperímetro

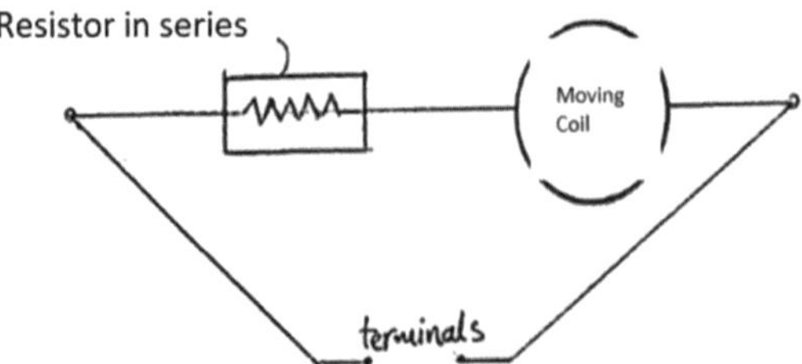

Figura (3.22) Voltímetro ou Potenciómetro

3.5.5 Condicionadores de sinal

3.5.5.1 Amplificadores

A palavra (amplificar) significa aumentar, pelo que um amplificador é uma forma de moduladores ou condicionadores de sinal que amplifica o sinal de alguma forma, sem alterar a sua natureza, para dar uma saída mecânica ou eléctrica superior à entrada.

1. Amplificadores mecânicos lineares

Os amplificadores mecânicos são dispositivos passivos utilizados para a amplificação de deslocações lineares ou angulares. Não têm qualquer fonte de alimentação externa, na medida em que a energia é introduzida por um sinal de entrada.

Um exemplo de um amplificador mecânico de deslocamento linear é uma alavanca e um exemplo de um deslocamento angular é uma engrenagem.

A figura (3.23) abaixo mostra uma ilustração de um amplificador refletor de deslocação, enquanto a figura (3.24) abaixo mostra a ilustração de um amplificador inversor sem deslocação.

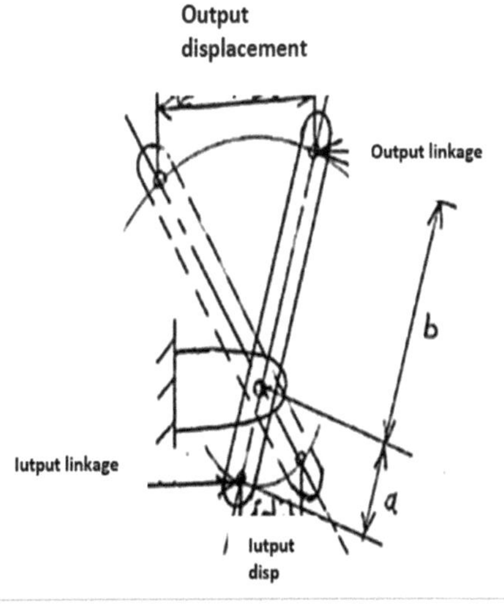

Figura (3.23) Ilustração de um amplificador refletor de deslocamento

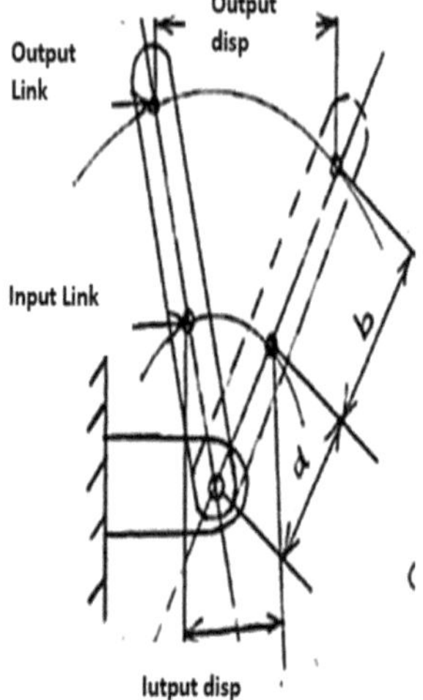

Figura (3.24) Ilustração de um mplificador inversor sem deslocação

Em ambos os casos:

$$Gain = \frac{output\ displacement}{input\ displacement}$$

$$= \frac{radius\ from\ axis\ of\ rotation\ to\ output\ linkage}{radius\ from\ axis\ of\ rotation\ to\ input\ linkage} = \frac{b\theta}{a\theta}$$

$$\text{Gain} \cdot T.o = G = \frac{b}{a}$$

2. Amplificadores mecânicos angulares

A figura (3.25) abaixo mostra um conjunto de engrenagens simples engrenadas ou interligadas entre si.

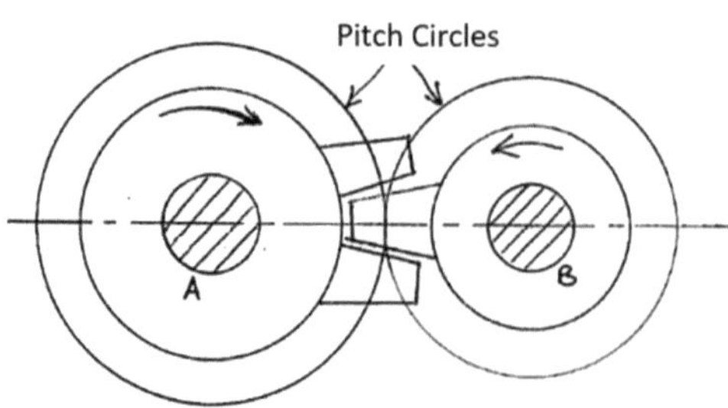

Figura (3.25) Um conjunto de trens de engrenagens simples engrenados entre si

A engrenagem de entrada A tem 12 dentes e a engrenagem de saída B tem 9 dentes.

$$\text{Gain} \cdot T.o = G = \frac{12}{9} = 1.333$$

$$Gain = \frac{speed\ of\ gear\ B}{speed\ of\ gear\ A} = \frac{nunmer\ of\ teeth\ of\ gear\ A}{nunmer\ of\ teeth\ of\ gear\ B}$$

$$G = \frac{N_B}{N_A} = \frac{T_A}{T_B} = \frac{12}{9} = 1.333$$

É mau:

$$Gain = \frac{speed\ of\ driven\ gear}{peed\ of\ driver\ gear} = \frac{product\ of\ number\ of\ teeth\ of\ driver\ gears}{product\ of\ number\ of\ teeth\ of\ driven\ gears}$$

No caso de combinações de engrenagens compostas, o ganho total é igual ao produto do ganho dos pares de engrenagens individuais.

Exemplo (14):

A. Um mecanismo de alavanca montado num comparador mecânico é mostrado esquematicamente na Figura (3.26) abaixo. Calcule a amplificação do sistema e a largura de divisão de escala que representa 1 μm.

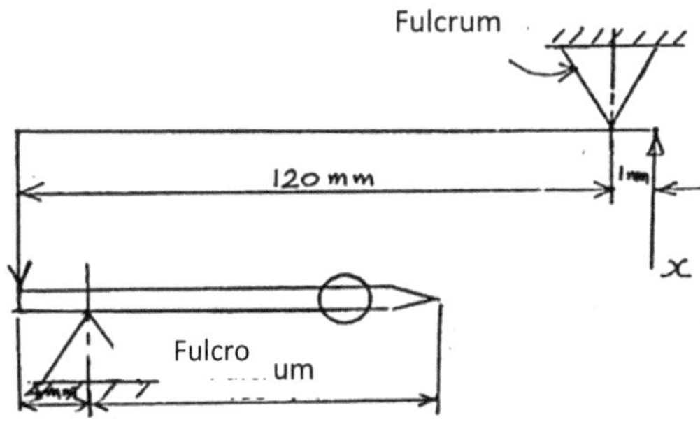

Figura (3.26) Mecanismo de alavanca montado num comparador mecânico

B. Explique por que razão a amplificação obtida por um comparador mecânico não aumenta mais de 5000:1, enquanto que uma amplificação de 50 000:1 pode ser obtida por sistemas pneumáticos e eléctricos.

A solução:

A. Suponha que a deslocação de entrada = x

Deslocamento de saída da primeira fase = y_1

Deslocamento de saída da segunda fase = y_2

A partir da figura abaixo, o ganho da fase inicial:

$G_1 = \frac{y_1}{x}$

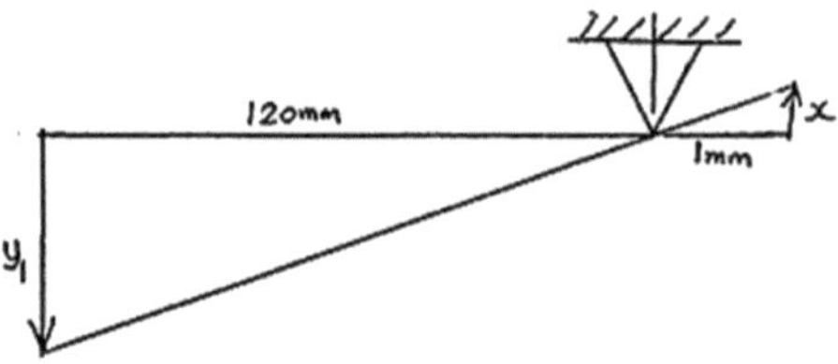

Por triângulos semelhantes:

$$G_1 = \frac{y_1}{x} = \frac{120}{1} = 120$$

Passar à segunda fase:

$G_2 = \frac{y_2}{y_1}$

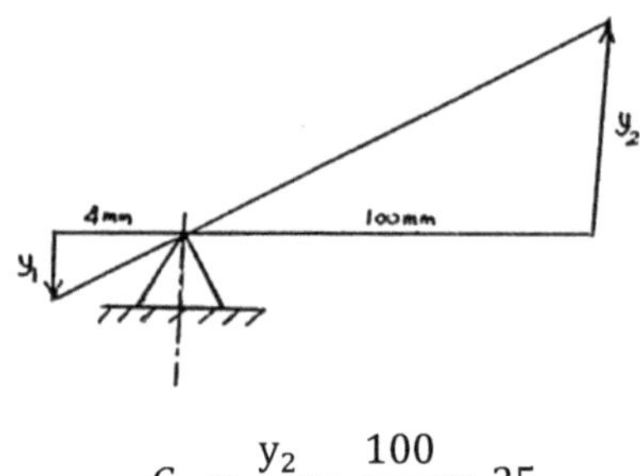

$$G_2 = \frac{y_2}{y_1} = \frac{100}{4} = 25$$

O ganho total do sistema,

$$G_1 \times G_2 = 120 \times 25 = 3000$$

$$\therefore scale\ division\ width = 3000 \times 10^{-6} \times 10^3 = 3mm$$

B. A amplificação obtida por um comparador mecânico não excede 5000:1, enquanto que uma amplificação de 50.000:1 pode ser obtida por meio de sistemas pneumáticos e eléctricos para vários efeitos, incluindo o efeito de inércia, o efeito de aceleração, a resistência de fricção nos apoios e outros.

Exemplo (15):

A figura (3.27) abaixo representa um mecanismo para um comparador mecânico. Calcule a amplificação do sistema?

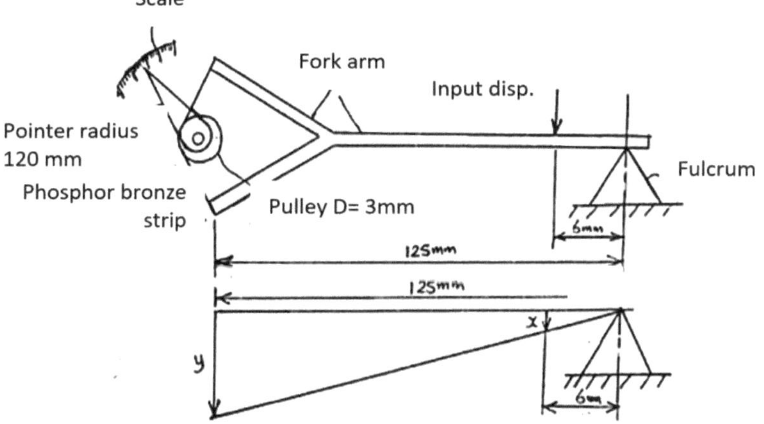

Figura (3.27) Mecanismo de um comparador mecânico

Utilizar triângulos semelhantes:

Ganho na primeira faseG_1,

$$G_1 = \frac{y}{x} = \frac{125}{6}$$

Desde o:

$$y = r\,\theta$$

Ganho da segunda fase G_2 ,

$$G_2 = \frac{\theta}{y} = \frac{1}{r} = \frac{1}{1.5}$$

Onde r é o raio da polia.

Uma vez que a entrada é um deslocamento angular θ e a saída é um deslocamento linear s igual a r θ

∴ Ganho do terceiro estágio,G_3:

$$G_3 = \frac{s}{\theta} = \frac{r\,\theta}{\theta} = r = 120$$

Onde r é o raio do ponteiro.

Amplificação do sistema,

$$G_1 \times G_2 \times G_3 = \frac{125}{6} \times \frac{1}{1.5} \times 120 = 1667$$

Exemplo (16):

A figura (3.28) abaixo mostra um conjunto de rodas dentadas acionadas por uma correia de transmissão que cria uma força de tração tangencial numa polia de 20 mm de diâmetro que é transportada pela roda A. A disposição mostrada na figura representa um sistema de medição de deslocamentos. O número de dentes das rodas E, D, C, B e A é, respetivamente, 150, 75, 150, 100 e 50.

Calcule o seguinte:

A. Ganho da combinação de engrenagens entre a roda A e a roda E.

B. O ganho total do sistema em deg. /mm.

A solução:

A. ganho do conjunto de engrenagens entre a roda A e a roda E,

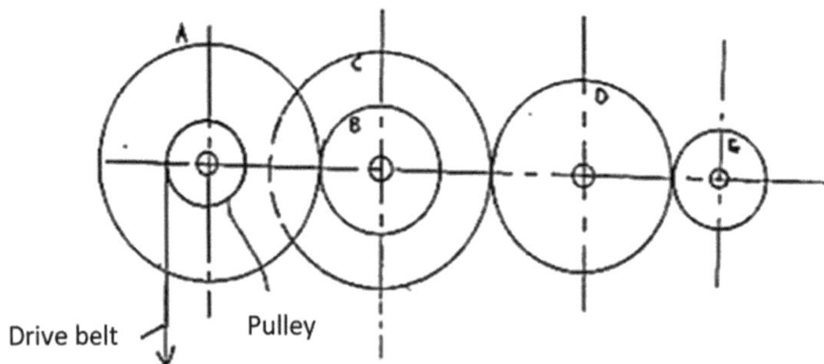

Figura (3.28) um conjunto de rodas dentadas acionadas por uma correia de transmissão

$$Gain = \frac{speed\ of\ driven\ gear}{speed\ of\ driver\ gear}$$

$$= \frac{product\ of\ number\ of\ teeth\ of\ driver\ gears}{product\ of\ number\ of\ teeth\ of\ driven\ gears}$$

$$G_1 = \frac{N_E}{N_A} = \frac{T_A}{T_B} \times \frac{T_C}{T_D} \times \frac{T_D}{T_E} = \frac{T_A \times T_C}{T_B \times T_E} = \frac{150 \times 150}{75 \times 50} = 6$$

B. O ganho total do sistema em graus/mm,

$$\text{the gain between belt and pulley in} \frac{rad}{mm}$$
$$= \frac{\text{angular displacement of the pulley}}{\text{linear displacement of the belt}} = \frac{\theta}{s} = \frac{\theta}{r\theta} = \frac{1}{r}$$
$$= \frac{1}{10} rad/mm$$

$$\text{the gain between belt and pulley in} \frac{deg.}{mm}, G_2 = \frac{1}{10} \times \frac{180^o}{\pi}$$
$$= 5.73\ deg./mm$$

O ganho total do sistema:

$$G_1 \times G_2 = 6 \times 5.73 = 34.4\ deg./\ mm$$

3.6 Problemas adicionais

1. Um manómetro a ser concebido com um ciclo indicador de 315 graus, quando a pressão varia de zero a sete bar. A extremidade da junta do tubo de Bourdon desvia-se 1,75 mm para um aumento de pressão de sete bar. Se a extremidade de um tubo de Bourdon estiver ligada a um braço com um raio de 10 mm, determine a relação de dentes adequada entre a engrenagem do quarto de círculo e a engrenagem do pinhão. Se a relação de transmissão padrão for 30:1, calcular o raio do novo braço.

$Ans. (31.4, 9.55\ mm)$

2. Explique sucintamente, utilizando o seu próprio vocabulário, o significado dos seguintes termos utilizados nos aparelhos de medição técnicos quando se pretende medir a temperatura da água com um termómetro normal:

A. Transdutor.

B. Condicionador de sinal.

C. unidade de visualização.

3. A. O que é um termístor?

B. Faça um esboço do diagrama de entrada-saída do termistor.

c. Desenhar um diagrama do circuito elétrico de um sistema de medição constituído por um termistor e referir uma aplicação prática para a utilização deste tipo de sistema de medição.

D. A relação entre resistência e temperatura para um termistor é dada pela equação$R = A\ e^{B/T}$. A temperatura caraterística B é 3050 K. Se a resistência do termístor à temperatura $25^o\ C$ é de 1650 ohms, determine a sua resistência a:

A. a temperatura de $0^o\ C$.

B. A temperatura de$300^o\ C$.

$Ans. (4212.6\ ohm, 12.14\ ohm)$

4. Um termómetro de resistência de platina tem uma resistência de 56,68 ohms à temperatura do ponto triplo da água $(i.e. 0.01^o\ C)$ e 78,925 ohms à temperatura de ebulição da água à pressão atmosférica normal. Qual é a temperatura do termómetro quando a sua resistência é igual a?

A. 64,56 ohms.

B. 93,12 ohms.

Na escala centígrada e na escala absoluta. Assumir uma relação linear entre a temperatura e a resistência.

$Ans. (36.6\ ^oC\ or\ 309.6\ K, ohm, 165.43\ ^oC\ or\ 438.43\ K)$

5. A. O que é o extensómetro de resistência eléctrica? Como é utilizado para medir a tensão?

B. Os seguintes dados foram obtidos de um ensaio de tração de uma haste com extensómetro:

A resistência original do medidor = 500,32 ohms.

A resistência final do medidor = 501,46 ohms.

Fator de escala = 2,04

O módulo de elasticidade do material da barra = 200 GN/m^2 .

Diâmetro da haste = 14mm

Determine o seguinte para a haste:

i. Deformação por tração.

ii. Tensão de tração.

iii. Carga de tração.

$Ans. (0.001117\, , 223.4\, N/mm^2, 34.39\, kN)$

6. Um manómetro inclinado contendo óleo com uma densidade relativa de 0,8, cuja extremidade está inclinada num ângulo de 10 graus em relação à horizontal. O diâmetro interno da extremidade inclinada é de 2 mm e a extremidade larga tem uma secção retangular com dimensões internas de 40 mm × 20 mm. A gama de medição do dispositivo é de zero a$30mm\ H_2o$. Calcule o comprimento real da escala entre as divisões $0mm\ H_2o$ e $30mm\ H_2o$.

$Ans. (211mm)$

7. Explicar a estrutura e o princípio de funcionamento de dois dos seguintes dispositivos, apresentando em cada caso um diagrama de blocos do dispositivo.

a. Tubo de Bourdon para medir a pressão.

B. Balança de bobina móvel.

C. Termistor.

D. termómetro.

8. A tensão máxima admissível de uma peça de aço macio sujeita a uma carga de tração é de 100MPa e o módulo de elasticidade do material é de 200GPa. Calcule a deformação máxima que ocorre devido a esta tensão e a variação da resistência do extensómetro, que tem uma resistência de 99,89 ohms e um fator de escala de 2,15 e que está fixado à superfície em linha coaxial com a tensão. Calcule também as mudanças óbvias de deformação e tensão que ocorrem na peça de aço devido à mudança de temperatura de $20^o\ C$ para $80^o\ C$ se não houver compensação de temperatura. Tomar os coeficientes de dilatação linear à temperatura como $12 \times 10^{-6}\quad {}^oc^{-1}$ para o aço e como $16 \times 10^{-6}\quad {}^oc^{-1}$ para o extensómetro.

$Ans. (0.0005, 0.1074\, ohm, 240 \times 10^{-6}, 48 \times 10^6 N/m^2)$

9. Num ensaio para determinar a temperatura caraterística de um termistor, foram registados os seguintes resultados:

100	90	80	70	60	50	40	30	21	**Temp. (^oc)**
35.3	51	75.5	113	174	278	449	680	1117	**)Resistência** $k\Omega$ **)**

Trace o gráfico de ln R em função de 1/T e utilize dois pontos da reta para determinar os valores das constantes A e B na equação geral do termístor.

10. Um manómetro com a forma da letra U é utilizado como sistema de medição da diferença de pressão, ligando uma perna à pressão mais baixa e a outra perna à pressão mais alta. Calcule a diferença de pressão correspondente a uma diferença de níveis de 291 mm entre as pernas:

A. Se o líquido no tubo U for mercúrio e as pressões forem pressões de gás.

B. Se o líquido no tubo U for mercúrio e o resto do sistema estiver completamente cheio de água.

C. Se o líquido no tubo U for água e o resto do sistema estiver completamente cheio de petróleo (com uma densidade relativa de 0,68).

11. a. Desenhar um diagrama e descrever um manómetro inclinado?

B. Para que tipo de medição é utilizado este tipo de manómetro?

C. Que precauções devem ser tomadas antes de efetuar qualquer leitura neste tipo de manómetros?

12. Um medidor de temperatura do tipo pressão de vapor consiste num bolbo de aço ligado a um manómetro por meio de um tubo capilar de aço, como se mostra no diagrama da Figura (3.29). O bolbo, o tubo capilar e o tubo de Bourdon do manómetro estão cheios de líquido vaporizado, de modo que a pressão no sistema depende da temperatura do fluido no bolbo. O manómetro está dividido em graus Celsius. Desenha o diagrama de blocos do sistema, incluindo blocos para os principais componentes do manómetro. Deve haver um bloco para cada componente que mude o sinal para uma forma diferente ou altere a sua magnitude.

A. Mostrar no diagrama de blocos o transdutor, o condicionador ou modulador de sinal e a unidade de visualização.

B. Descrever o amplificador do sistema.

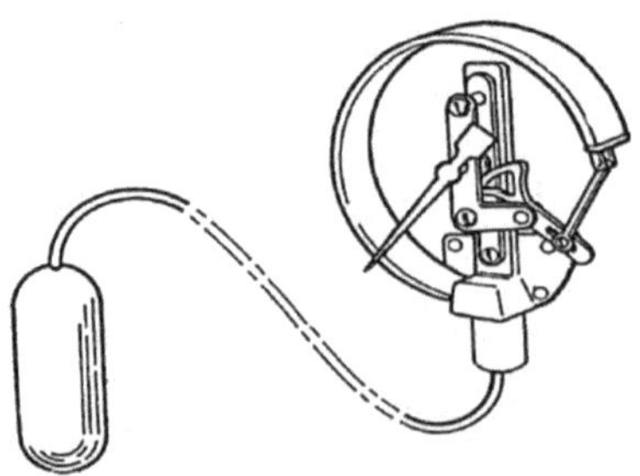

Figura (3.29) Manómetro de temperatura do tipo pressão de vapor

13. Um extensómetro é fixado a uma coluna com um diâmetro de 10 mm e é-lhe aplicada uma carga axial. Determine a quantidade de carga em kN com a seguinte informação: a resistência do extensómetro é de 350 ohms, a variação da resistência do extensómetro é de 0,15 ohms, o fator de escala é de 2,02 e o módulo de elasticidade é de 207 GN/m^2 .

$Ans. (3.45\ kN)$

14. Um manómetro de mercúrio com a forma da letra U é utilizado para medir a pressão diferencial do ar. Se o manómetro for posteriormente utilizado para medir a mesma pressão diferencial numa conduta de petróleo, calcular a diferença percentual entre as leituras do manómetro. As linhas de ligação do manómetro devem estar completamente cheias de óleo. A densidade do óleo é de 800 kg/m^3 e a do mercúrio é de 13600 kg/m^3 . A densidade do ar pode ser ignorada.

$Ans. (h_{oil}\ is\ 6.25\%\ higher\ than\ h_{air})$

15. Um manómetro tubular inclinado, como mostra a figura (3.30), consiste num cilindro metálico moderado ligado na sua base a um tubo inclinado num ângulo de 30 graus em relação à horizontal. O dispositivo está cheio de água e a extremidade superior do cilindro está ligada a uma fonte de gás a uma pressão de 500 N/m^2 . Se o tubo inclinado estiver aberto para a atmosfera e a razão entre a área da secção transversal do cilindro e a área da secção transversal do tubo for 50:1. Calcule a distância percorrida pelo nível do líquido no tubo inclinado. Considere a densidade da água como 1000 kg/m^3 .

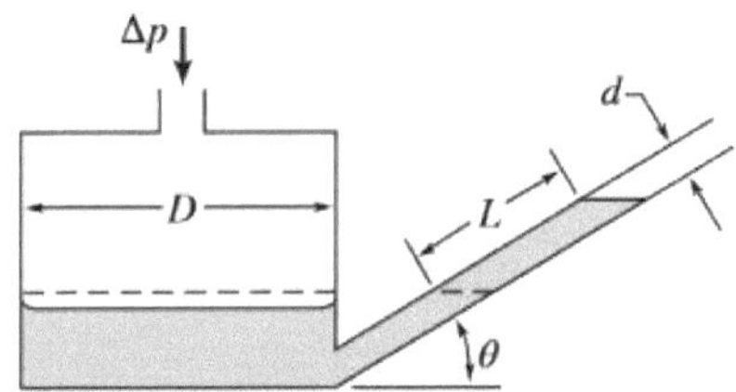

Figura (3.30) Manómetro tubular inclinado

$Ans. (98mm)$

16. Para o mesmo manómetro do problema anterior, calcule o erro percentual se a descida do nível da água no cilindro metálico for ignorada.

$Ans. (4\%)$

17. Um manómetro de água simples utilizado para medir a pressão diferencial do ar, pois registava uma altura manométrica diferencial de 200 mm de água. Se se utilizar novamente um manómetro para medir a mesma pressão diferencial numa conduta de água, utilizando mercúrio como fluido do manómetro em vez de água, calcular a altura manométrica diferencial de mercúrio registada pelo manómetro. A densidade do ar pode ser considerada como 1,3 kg/m^3 e a densidade da água é 1000 kg/m^3 . A gravidade específica do mercúrio é 13,6.

$Ans. (98mm)$

18. A. Descrever, com ilustrações, o princípio de funcionamento e os componentes do manómetro de Bourdon.

B. Desenhe um diagrama de movimento da engrenagem do pinhão semelhante ao utilizado num manómetro de tubo de Bourdon e calcule o ângulo em que a engrenagem do quarto de anel roda em torno do eixo para que o eixo do ponteiro rode 270 graus. A relação de transmissão entre a engrenagem do pinhão e a engrenagem do quarto de anel é $1{:}15$.

19. A. Na análise e projeto de sistemas mecânicos, explique a seguinte afirmação:

O provérbio inglês diz: "The straw that breaks the camel back".

B. Com recurso a uma ilustração, mostrar as partes básicas de um sistema de medição típico.

C. O manómetro de tubo de Bourdon deve ser concebido com um ciclo indicador de 315 graus, quando a pressão varia de zero a sete bar. A extremidade da junta do tubo de Bourdon sofre um desvio de 1,75 mm para um aumento de pressão de 7 bar. Se a extremidade de um tubo de Bourdon estiver ligada a um braço com um raio de 10 mm, determine a relação de dentes adequada entre a engrenagem do quarto de círculo e a engrenagem do pinhão. Se a relação de transmissão padrão for 30:1, calcular o raio do novo braço.

20. A. Com base na ilustração, identificar o sistema e os seus componentes.

B. Utilizando a ilustração, distinguir entre um sistema de circuito aberto e um sistema de circuito fechado.

Capítulo IV

Instrumentação mecânica e sistema de medição

Banco de perguntas e respostas correspondentes

Questão 1. Quais são as variáveis ou procedimentos do processo?

Resposta:

As variáveis do processo são:

Fluxo.

Pressão.

Temperatura.

Nível.

Qualidade (ou seja, percentagem de O_2 , CO_2 , pH, etc.).

Questão 2. Defina a variável de processo inteira e defina suas unidades de medida?

Resposta:

Fluxo:

Qualquer fluido que flui de um lugar para outro é chamado de fluxo e é definido como volume por unidade de tempo em condições específicas de temperatura e pressão. A medição é geralmente efectuada com medidores de deslocamento positivo ou medidores de caudal.

Unidades: kg/hora, litros/minuto, galões/minuto, metros cúbicos/hora, newton metros/hora.

Pressão:

É definida como a força por unidade de área. P = F/A.

Unidades: Bar, Pascal ou Newton/m^2 , kg/cm^2 , lb/in^2 .

Nível:

A altura de uma coluna de água, líquido, etc., quando a medição necessária da altura entre os pontos de nível mínimo e os pontos de nível máximo é chamada de nível. O princípio de medição é o método da cabeça de pressão.

Unidades: metros, mm, cm, percentagem.

Temperatura:

A temperatura ou o frio de um corpo chama-se temperatura.

Unidades: Celsius, Fahrenheit, Kelvin, graus Rankine.

Qualidade:

Tratamento de análises (PH, $C0_2$ percentagem, condutividade, viscosidade).

Questão 3. Quais são os elementos básicos utilizados na medição de caudal?

Resposta:

Os elementos básicos utilizados para a medição do caudal são a placa de perfuração, o tubo de Venturi, o tubo de Pitot, as barras ocas, o orifício de escoamento, os entalhes e as ranhuras.

Questão 4. Quais são os diferentes tipos de placas de orifício e quais são as suas utilizações? (Os diferentes tipos de placas de orifício e quais as suas utilizações)

Resposta:

Os diferentes tipos de placas de orifício são concêntricos, segmentares, excêntricos e quadrilaterais.

Placas de orifício concêntrico:

A placa de orifício concêntrica é utilizada para líquidos ideais, bem como para gases e vapores. O beta da placa de orifício diminui entre 0,15 e 0,75 para líquidos e 0,20 e 0,70 para gases e vapores. Os melhores resultados ocorrem entre um valor de 0,4 e 0,6. O rácio beta refere-se ao rácio entre o diâmetro do furo e os diâmetros internos do tubo. (Os chanfros de 45 graus são frequentemente utilizados para reduzir a resistência à fricção do líquido em fluxo). A figura (4.1) abaixo mostra uma placa de ranhura concêntrica.

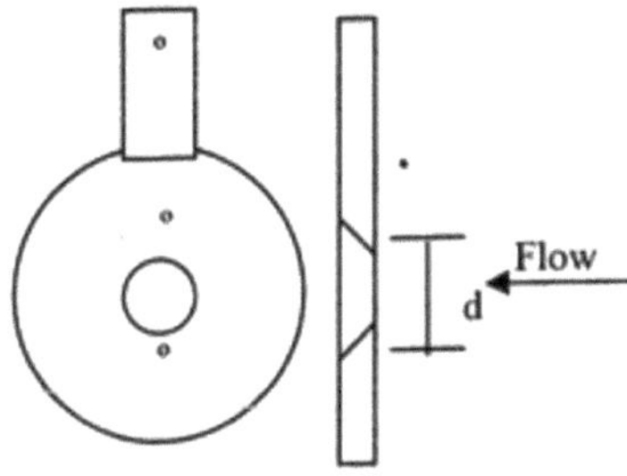

Figura (4.1) Placa de orifício concêntrico

Placas de orifício excêntrico:

A placa de orifício excêntrica tem um orifício excêntrico. É totalmente utilizada para medir sólidos, óleo, água e vapor húmido. As placas excêntricas podem ser utilizadas como torneiras de flange ou roscadas, mas a torneira deve estar a 180^0 ou 90^0 no orifício excêntrico. Os orifícios excêntricos apresentam um furo deslocado do centro para reduzir os problemas na manutenção de materiais que contenham sólidos. A Figura (4.2) abaixo mostra uma placa com um orifício excêntrico.

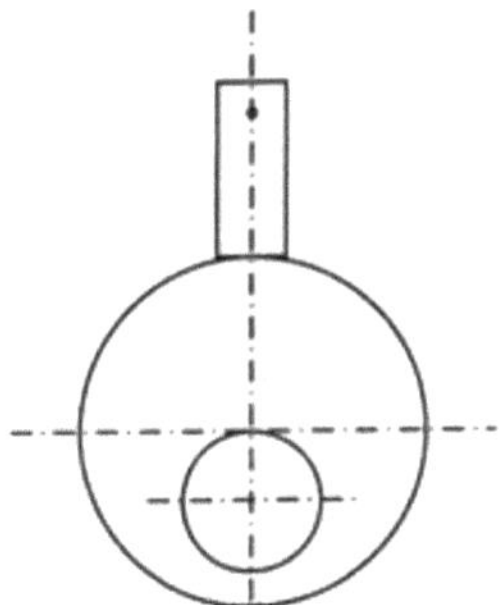

Figura (4.2) Placa de orifício excêntrico

Placas de orifício segmentares:

O nicho de orifício segmentar contém uma abertura no segmento do modelo utilizado para a medição do caudal de colóides e lamas. Para uma melhor precisão, a torneira deve estar localizada a 180° do centro da costura. Os orifícios seccionais fornecem outra versão de placas que são úteis para materiais que contêm sólidos. A figura (4.3) abaixo mostra uma placa de orifício seccional.

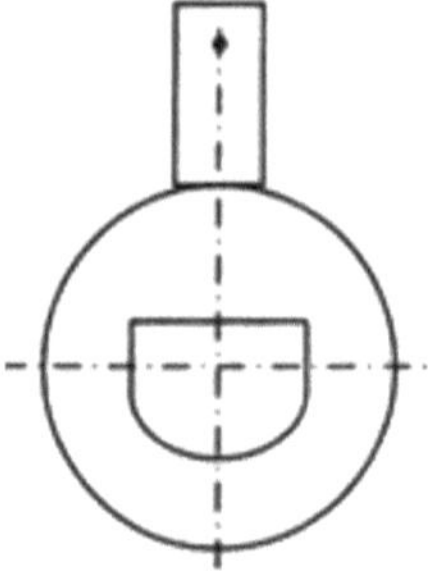

Figura (4.3) uma placa de orifício em corte

Pergunta 5. Como é que se identifica um Orifício na Tubagem?

Resposta:

É soldada à placa de orifício uma ranhura, que se prolonga para além da linha para dar referência à placa de orifício.

Pergunta 6. Porque é que a patilha do orifício é fornecida?

Resposta:

O separador do orifício é fornecido pelas seguintes razões Uma indicação de que uma placa de orifício está alinhada. O diâmetro do orifício está marcado nela. Material da placa de orifício. Número do cartão da placa de orifício. Marcação da entrada da escotilha.

Questão 7. Quais são as vantagens e desvantagens das placas de orifício?

Resposta:

Vantagens e desvantagens dos painéis de ranhuras:

A elevada pressão diferencial gerada.

Estão disponíveis dados exaustivos.

Baixo preço de compra e custo de instalação.

Substituição fácil.

Questão 8. Explique o Teorema de Bernoulli e especifique onde ele pode ser aplicado?

Resposta:

O Teorema de Bernoulli afirma que: "A energia total de um fluido que flui de um ponto para outro permanece constante." Aplica-se a líquidos incompressíveis.

Questão 9. Como é que se determina o lado de alta pressão ou a entrada de uma placa de orifício na linha?

Resposta:

As marcações são sempre colocadas no lado de alta pressão da patilha do orifício, dando uma indicação do lado de alta pressão.

Questão 10. O que é a pressão absoluta?

Resposta:

A pressão absoluta é a pressão total presente num sistema.

Pressão absoluta = pressão manométrica + pressão atmosférica

Questão 11. O que é a pressão zero absoluta?

Resposta:

Zero absoluto = 760 mmHg de vácuo.

Questão 12. Qual é o vácuo máximo ou espaço vazio?

Resposta:

Vácuo máximo = 760 mmHg.

Questão 13. O que é o vácuo ou o vazio?

Resposta:

Qualquer pressão abaixo da pressão atmosférica é um vácuo.

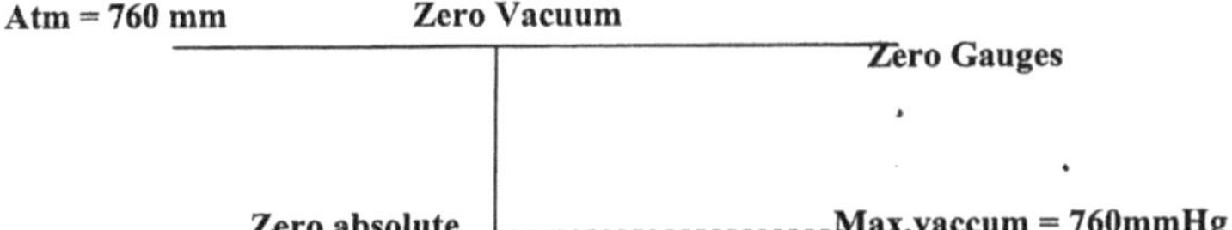

Questão 14. Quais são os elementos básicos da medição da pressão?

Resposta:

Os elementos básicos utilizados para medir a pressão são:

Tubo de Bourdon.

Membrana.

Cápsula.

Ventilador.

Molas de pressão.

Os elementos acima referidos são conhecidos como elementos de compressão de deformação elástica.

Tipo de tubos Bourdon:

Tipo "C".

Espiral.

DIU.

Membrana: (Diafragma)

A membrana é mais adequada para medições de baixa pressão.

Cápsulas:

Dois diafragmas redondos são soldados entre si para formar uma cápsula de pressão. Materiais utilizados: bronze fosforoso, aço inoxidável.

Ventilador: (Fole)

O fole é uma unidade metálica de uma só peça, dobrável e sem costuras, com pregas profundas formadas por tubos muito finos. Materiais utilizados: latão, bronze fosforoso e aço inoxidável. É utilizado para alta pressão.

Mola de pressão:

Molas de pressão helicoidais utilizadas para medir pressões elevadas.

Questão 15. Porque é que é utilizado um manómetro inclinado?

Resposta:

Utiliza-se para escalar a gama de medição do instrumento. Porque o manómetro está inclinado num ângulo em relação à coordenada vertical.

Questão 16. Qual é o princípio do manómetro?

Resposta:

A pressão funciona segundo a lei de Hooks.

Princípio: "Medição da pressão num meio elástico".

Questão 17. Desenha e explica o manómetro? Qual é a utilidade da mola capilar?

Resposta:

A figura (4.4) abaixo mostra um manómetro com tubo de Bourdon.

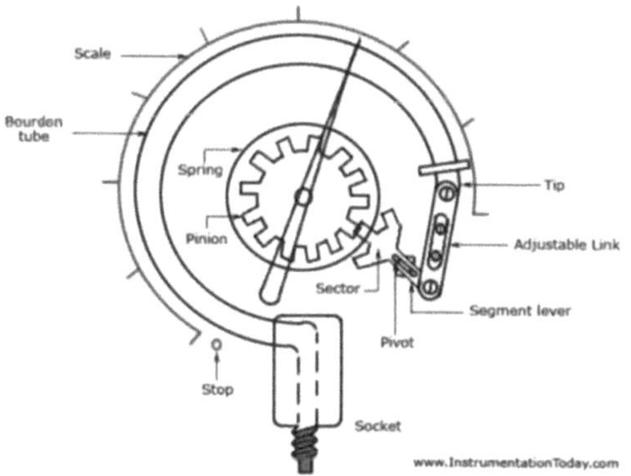

Figura (4.4) Medidor de pressão com tubo de Bourdon

As partes do manómetro são:

1. Tubo de Bourdon de tipo "C".

2. Ligar a ligação.

3. A engrenagem setorial.

4. Engrenagem do pinhão.

5. Mola de cabelo.

6. Apontador.

7. Controlo.

Utilizações da mola de cabelo:

A mola de cabelo tem dois objectivos: evitar erros de folga (excluindo qualquer manipulação das ligações). Funciona como controlo de binário.

Pergunta 18. Porque é que a calibração de instrumentos é importante?

Resposta:

A calibração de todos os instrumentos é importante porque oferece a oportunidade de verificar o instrumento em relação a um padrão conhecido e, por conseguinte, os erros de precisão.

F = Kθ

Questão 19. O que é um diagrama de blocos? Quais são os componentes básicos de um diagrama de blocos?

O diagrama de blocos de um sistema é uma representação pictórica das funções desempenhadas por cada componente do sistema e mostra o fluxo de sinais.

Os elementos básicos de um diagrama de blocos são os blocos, o ponto de ramificação e o ponto de soma.

Questão 20. Escreva as equações diferenciais que governam o sistema mecânico de deslocamento linear como mostrado na Figura (4.5) abaixo e especifique a função de transferência.

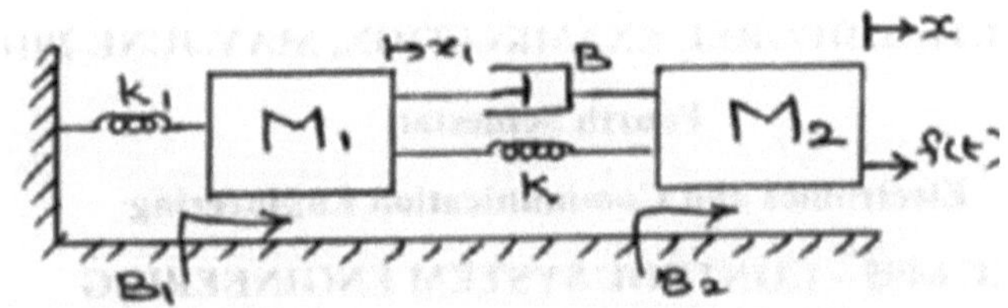

Figura (8.5) Sistema mecânico de deslocamento linear

Resposta:

Para encontrar a equação em M_1 e M_2 .

✓ $M_1\frac{d^2x_1}{dt^2} + B\frac{d(x_1-x)}{dt} + B_1\frac{dx_1}{dt} + K_1x + K(x_1 - x) = 0$

✓ $M_2\frac{d^2x}{dt^2} + B\frac{d(x-x_1)}{dt} + B_1\frac{dx}{dt} + K(x - x_1) = f(t)$

Para encontrar a equação da transformada de Laplace para a equação acima.

✓ $M_1S^2X_1(S) + BS[X_1(S) - X(S)] + B_1X_1(S) + K_1X(S) + K[X_1(S) - X(S)]=0$

✓ $M_2S^2X(S) + BS[X(S) - X_1(S)] + B_1X(S) + K[X(S) - X_1(S)] = F(S)$

Resolva a equação acima e encontre a função de transferência.

✓ Transfer function=$\frac{X(S)}{F(S)} = \frac{M_1S^2+K_1+K+S[B_1+B]}{[M_2S^2+S(B+B_2)+K_2][M_1S^2+K_1+K+S(B_1+B)]-[BS+K]^2}$

Questão 21. Desenhe o circuito análogo elétrico equivalente para o sistema mecânico da Figura (4.6) utilizando a analogia força - tensão

Resposta:

Para encontrar a equação em M_1 e M_2 .

- ✓ $M\frac{d^2y(t)}{dt^2} + B\frac{dy(t)}{dt} + Ky(t) = u(t)$

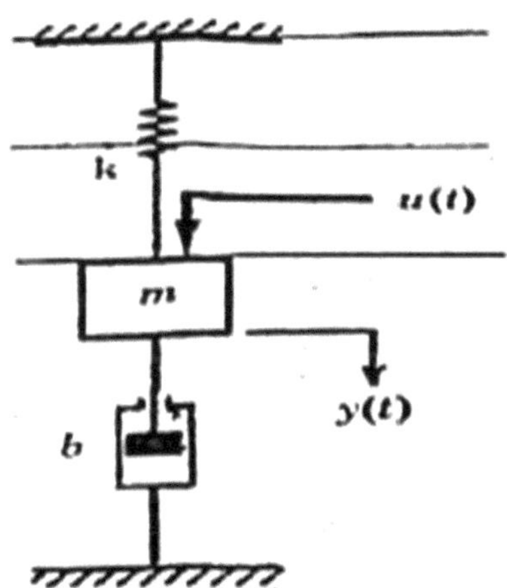

Figura (4.6) Sistema mecânico

Equação da força de tensão e da força de corrente.

(i) Equação da tensão de força:

- ✓ $V(t) = L\frac{di}{dt} + \frac{1}{C}\int idt + Ri$

(ii) Equação da corrente de força:

- ✓ $I(t) = C\frac{dv}{dt} + \frac{1}{L}\int Vdt + \frac{1}{R}V$

Desenhe o circuito elétrico análogo equivalente.

Circuitos eléctricos de tensão de força:

A figura (4.7) abaixo mostra um circuito elétrico de tensão de força.

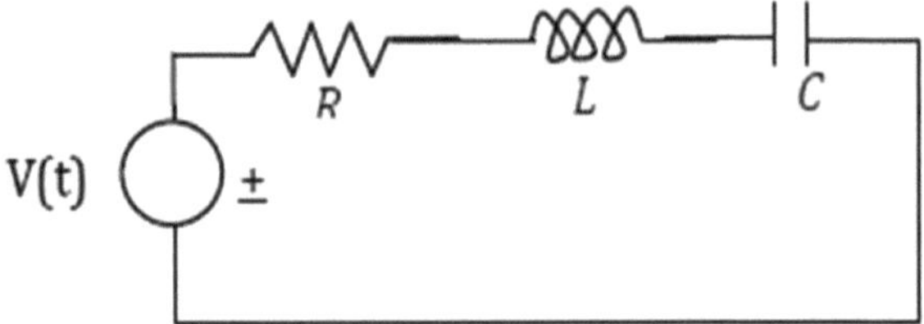

Figura (4.7) um circuito elétrico de tensão de força

Circuitos eléctricos de corrente de força:

A figura (4.8) abaixo mostra um circuito elétrico de corrente de força.

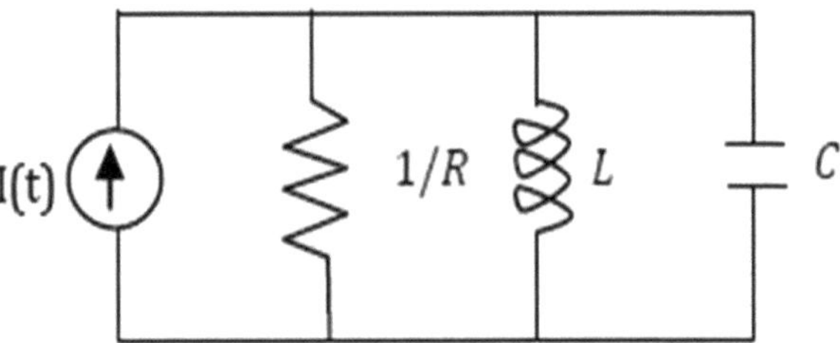

Figura (4.8) um circuito elétrico de corrente de força

Questão 22. Escreva as Equações Diferenciais que Regem o Sistema Mecânico Rotacional Mostrado na Figura (4.9) abaixo. Desenhe os Circuitos Elétricos Equivalentes Analógicos (Corrente e Tensão).

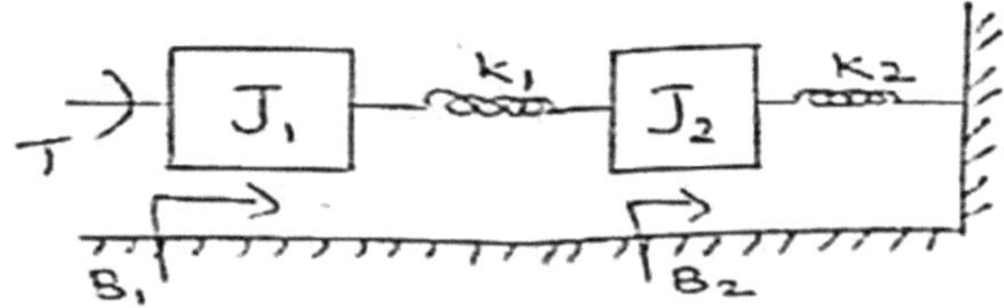

Figura (4.9) um sistema mecânico rotacional

Resposta:

Para encontrar a equação em J_1 e J_2 .

- ✓ $J_1 \frac{d^2\theta_1}{dt^2} + B_1 \frac{d\theta_1}{dt} + K_1[\theta_1 - \theta_2] = T$
- ✓ $J_2 \frac{d^2\theta_2}{dt^2} + B_2 \frac{d\theta_2}{dt} + K_1[\theta_2 - \theta_1] + K_2\theta_2 = 0$

Equação da força de tensão e da força de corrente.

(i) Equação da tensão de força:

✓ $V(t) = L_1 \frac{di_1}{dt} + R_1 i_1 + \frac{1}{C_1} \int (i_1 - i_2) dt$

✓ $L_2 \frac{di_2}{dt} + R_2 i_2 + \frac{1}{C_1} \int (i_2 - i_1) dt + \frac{1}{C_2} \int i_2 dt = 0$

(ii) Equação da corrente de força:

✓ $I(t) = C_1 \frac{dv_1}{dt} + G_1 v_1 + \frac{1}{L_1} \int (v_1 - v_2) dt$

✓ $C_2 \frac{dv_2}{dt} + G_2 v_2 + \frac{1}{L_1} \int (v_2 - v_1) dt + \frac{1}{L_2} \int v_2 dt = 0$

Desenhe o circuito elétrico análogo equivalente.

Circuitos eléctricos de tensão de força:

A figura (4.10) abaixo mostra um circuito elétrico de tensão de força.

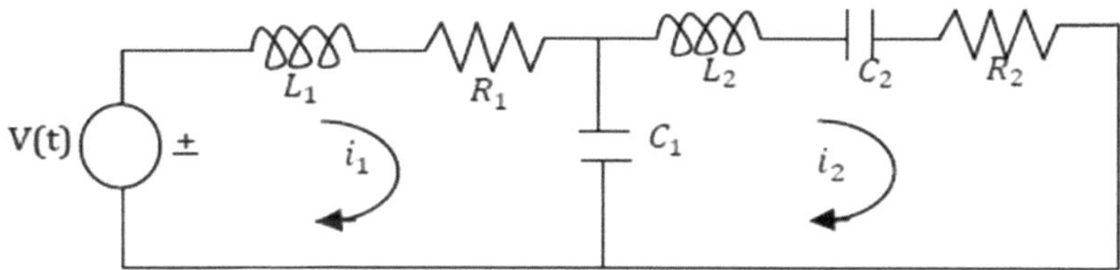

Figura (4.10) um circuito elétrico de tensão de força

Circuitos eléctricos de corrente de força:

A figura (4.11) abaixo mostra um circuito elétrico de corrente de força.

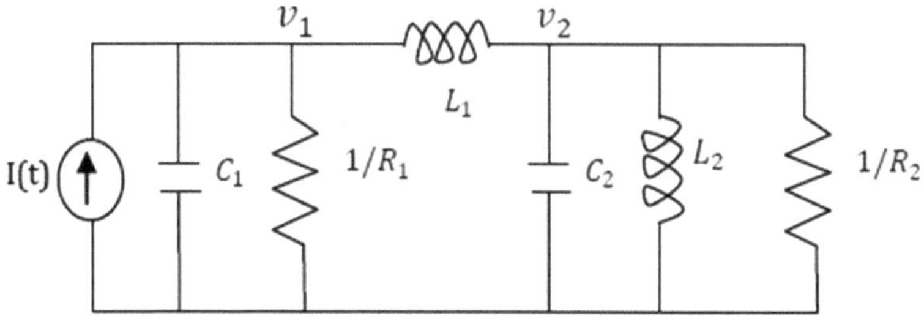

Figura (4.11) um circuito elétrico de corrente de força

Questão 23. Escreva as Equações Diferenciais que Regem o Sistema Translacional Mecânico como Mostrado na Figura (4.12) abaixo. Desenhe os Circuitos Elétricos Análogos Força-Tensão e Força-Corrente e Verifique pelas Equações de Malha e Nó.

Resposta:

Para encontrar a equação em M_1 , M_2 e M_3 .

- ✓ $M_1 \frac{d^2x_1}{dt^2} + B_1 \frac{dx_1}{dt} + K_1x_1 + K_2(x_1 - x_2) = f_1(t)$
- ✓ $M_2 \frac{d^2x_2}{dt^2} + K_2(x_2 - x_1) + K_3(x_2 - x_3) + B_3 \frac{d(x_2-x_3)}{dt} = f_2(t)$
- ✓ $M_3 \frac{d^2x_3}{dt^2} + B_3 \frac{d(x_3-x_2)}{dt} + K_3(x_3 - x_2) = 0$

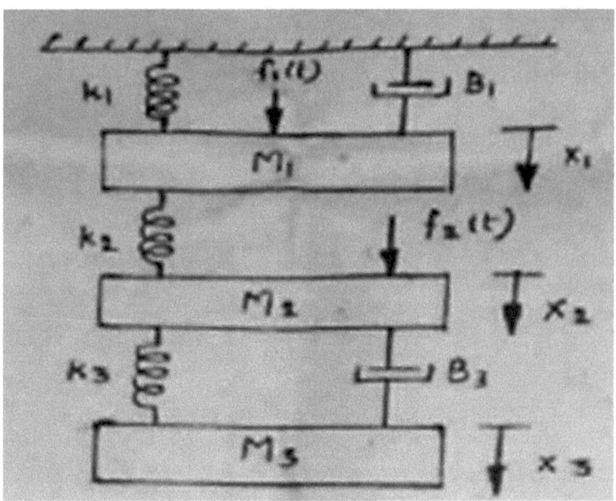

Figura (4.12) Sistema de translação mecânica

Para encontrar a equação em M_1 , M_2 e M_3 .

- ✓ $M_1 \frac{d^2x_1}{dt^2} + B_1 \frac{dx_1}{dt} + K_1x_1 + K_2(x_1 - x_2) = f_1(t)$
- ✓ $M_2 \frac{d^2x_2}{dt^2} + K_2(x_2 - x_1) + K_3(x_2 - x_3) + B_3 \frac{d(x_2-x_3)}{dt} = f_2(t)$
- ✓ $M_3 \frac{d^2x_3}{dt^2} + B_3 \frac{d(x_3-x_2)}{dt} + K_3(x_3 - x_2) = 0$

Equações de tensão de força e corrente de força:

(i) Equação da tensão de força:

✓ $V_1(t) = L_1 \frac{di_1}{dt} + \frac{1}{C_1}\int i_1 dt + R_1 i_1 + \frac{1}{C_2}\int (i_1 - i_2) dt$

✓ $V_2(t) = L_2 \frac{di_2}{dt} + \frac{1}{C_2}\int (i_2 - i_1) dt + R_3(i_2 - i_3) + \frac{1}{C_3}\int (i_2 - i_3) dt$

✓ $L_3 \frac{di_3}{dt} + \frac{1}{C_3}\int (i_3 - i_2) dt + R_3(i_3 - i_2) = 0$

(ii) Equação da corrente de força:

✓ $I_1(t) = C_1 \frac{dv_1}{dt} + \frac{1}{L_1}\int v_1 dt + G_1 v_1 + \frac{1}{L_2}\int (v_1 - v_2) dt$

✓ $I_2(t) = C_2 \frac{dv_2}{dt} + \frac{1}{L_2}\int (v_2 - v_1) dt + G_3(v_2 - v_3) + \frac{1}{L_3}\int (v_2 - v_3) dt$

✓ $C_3 \frac{dv_3}{dt} + \frac{1}{L_3}\int (v_3 - v_2) dt + G_3(v_3 - v_2) = 0$

Desenhe o circuito elétrico análogo equivalente.

Circuitos eléctricos de tensão de força:

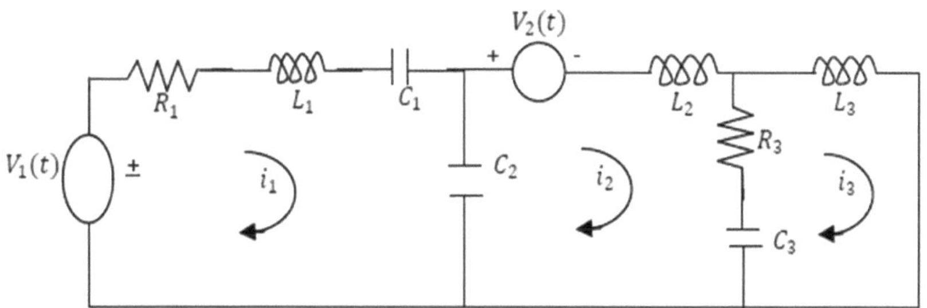

Figura (4.13) um circuito elétrico de tensão de força

Circuitos eléctricos de corrente de força:

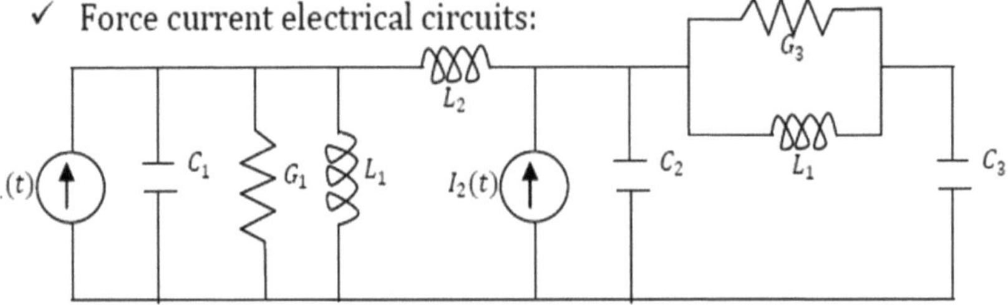

Figura (4.14) um circuito elétrico de corrente de força

Questão 24. Escreva as equações diferenciais que governam o sistema mecânico de translação como mostrado na Figura (4.15). Desenhe os Circuitos Elétricos Análogos Força-Tensão e Força-Corrente e Verifique pelas Equações de Malha e Nó

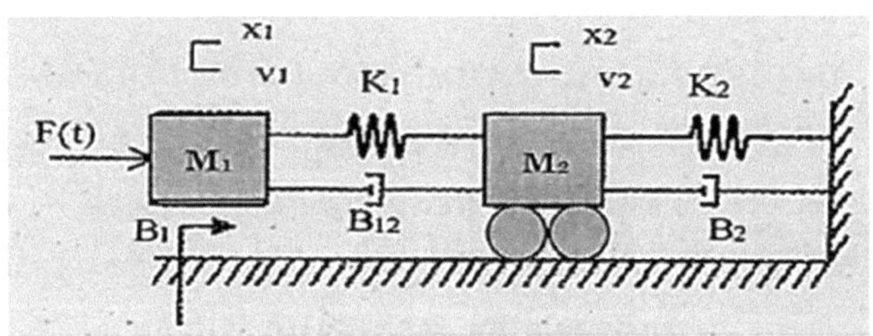

Figura (4.15) Sistema de translação mecânica

Resposta:

Para encontrar a equação em M_1, M_2 e M_3.

- ✓ $M_1 \frac{d^2 x_1}{dt^2} + B_1 \frac{dx_1}{dt} + B_{12} \frac{d(x_1 - x_2)}{dt} + K_1(x_1 - x_2) = F(t)$
- ✓ $M_2 \frac{d^2 x_2}{dt^2} + K_2 x_2 + B_2 \frac{dx_2}{dt} + B_{12} \frac{d(x_2 - x_1)}{dt} + K_1(x_2 - x_1) = 0$

Equação da força de tensão e da força de corrente.

(i) Equação da tensão de força:

- ✓ $V(t) = L_1 \frac{di_1}{dt} + R_1 i_1 + R_{12}(i_1 - i_2) + \frac{1}{C_1} \int (i_1 - i_2) dt$
- ✓ $L_2 \frac{di_2}{dt} + \frac{1}{C_1} \int (i_2 - i_1) dt + R_2 i_2 + R_{12}(i_2 - i_1) + \frac{1}{C_2} \int i_2 dt = 0$

(ii) Equação da corrente de força:

✓ $I(t) = C_1 \frac{dv_1}{dt} + G_1 v_1 + G_{12}(v_1 - v_2) + \frac{1}{L_1}\int (v_1 - v_2)dt$

✓ $C_2 \frac{dv_2}{dt} + \frac{1}{L_1}\int (v_2 - v_1)dt + G_2 v_2 + G_{12}(v_2 - v_1) + \frac{1}{L_2}\int v_2 dt = 0$

Desenhe o circuito elétrico análogo equivalente.

Circuitos eléctricos de tensão de força:

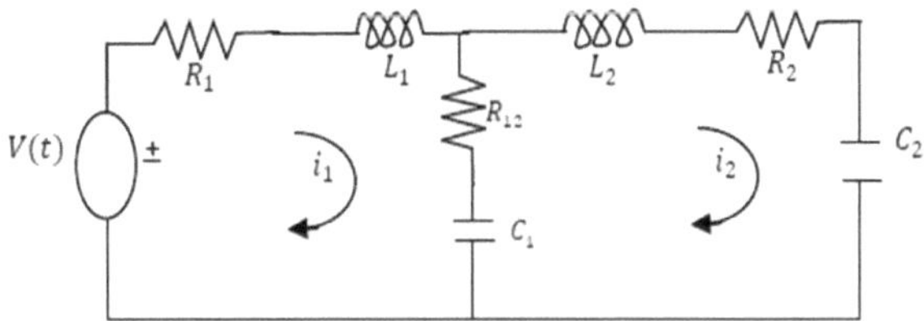

Figura (4.16) um circuito elétrico de tensão de força

Circuitos eléctricos de corrente de força:

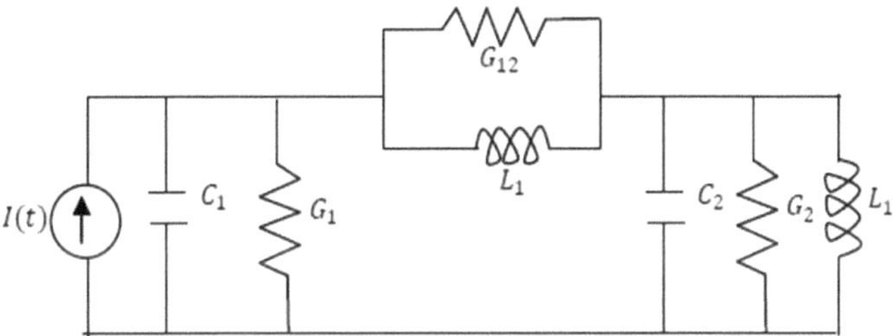

Figura (8.17) um circuito elétrico de corrente de força

Questão 25. Para o diagrama de blocos mostrado na Figura (4.18) abaixo, encontre a saída C devido a R e à perturbação D.

Resposta:

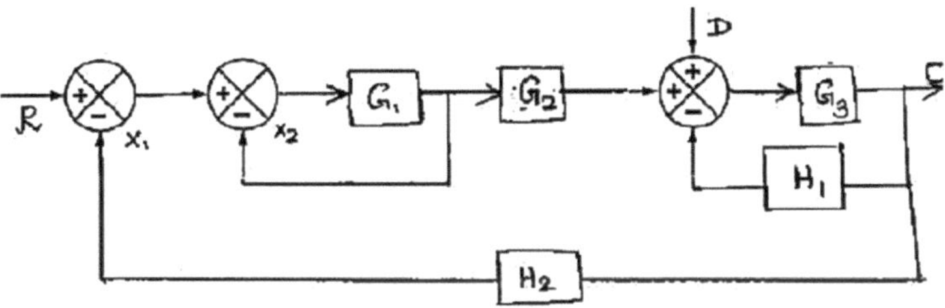

Figura (4.18) Diagrama de blocos

Caso (i):

Quando R actua sozinho; D=0, portanto, o diagrama de blocos é reduzido como se mostra na Figura (4.19).

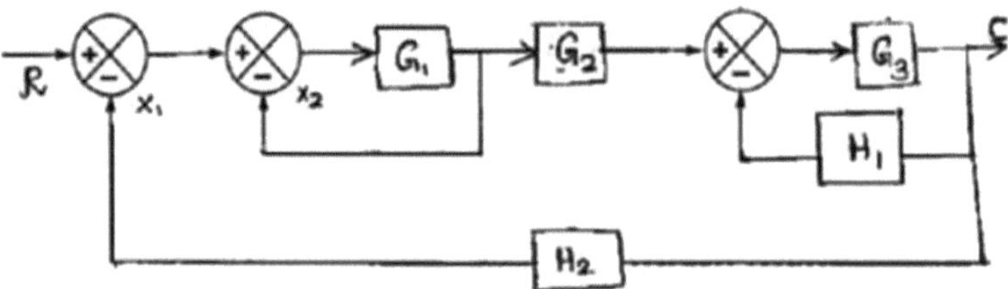

Figura (4.19) o diagrama de blocos é reduzido quando R actua sozinho; D = 0

Utilizar diferentes técnicas de redução de blocos e encontrar a função de transferência.

$$\frac{C}{R} = \frac{G_1G_2G_3}{1 + G_1 + G_3H_1 - G_1G_3H_1 + G_1G_2G_3H_2}$$

Caso (ii):

Quando D actua sozinho; R=0, o diagrama de blocos é reduzido como se mostra na Figura (4.20).

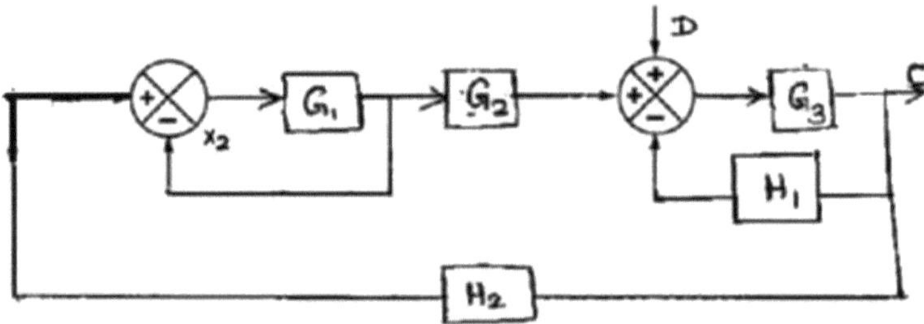

Figura (4.20) O diagrama de blocos é reduzido quando D actua sozinho; R = 0

Utilizar diferentes técnicas de redução de blocos e encontrar a função de transferência.

$$\frac{C}{D} = \frac{G_3(1 + G_1)}{1 + G_1 + G_3H_1 + G_1G_3H_1 + G_1G_2G_3H_2}$$

Questão 26. Reduza o diagrama de blocos mostrado abaixo na Figura (4.21) e encontre C/R para o sistema.

Resposta:

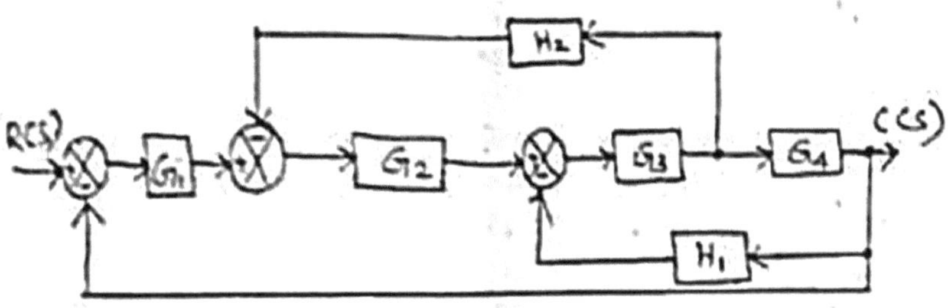

Figura (4.21) Redução do diagrama de blocos e determinação da função de transferência C/R

Utilizar diferentes técnicas de redução de blocos e encontrar a função de transferência.

$$\frac{C(S)}{R(S)} = \frac{G_1G_2G_3G_4}{1 + G_2G_3H_2 + G_3G_4H_1 + G_1G_2G_3G_4}$$

Questão 27. Encontre a função de transferência do sistema mostrado na Figura (4.22) usando a técnica de redução do diagrama de blocos e a tecnologia do gráfico de fluxo de sinais.

Resposta:

Utilizar diferentes técnicas de redução de blocos e encontrar a função de transferência.

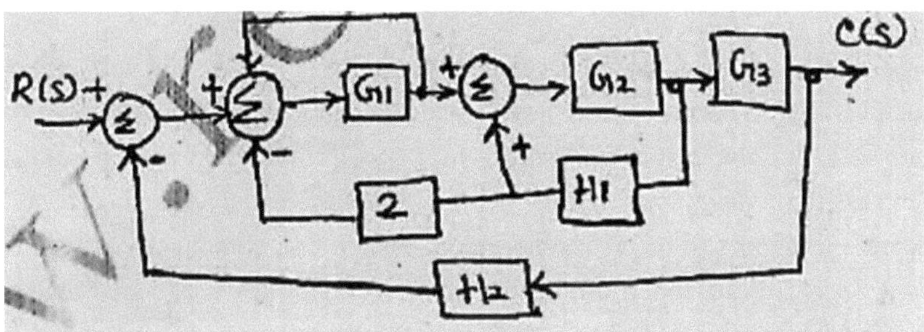

Figura (4.22) Encontrando a função de transferência do sistema usando a técnica de redução do diagrama de blocos e a técnica do gráfico de fluxo de sinal

Utilizar diferentes técnicas de redução de blocos e encontrar a função de transferência.

$$\frac{C(S)}{R(S)}=\frac{G_1G_2G_3}{(1-G_1)(1-G_2H_1)+2G_1G_2H_1+G_1G_2G_3H_2}$$

Questão 28. Qual é a relação entre a constante de torque, Km, e a constante de fem, Kv, para um motor DC? Qual é a justificação material para esta relação?

"Km = Kv" Isto deve-se ao facto de a energia ter de ser conservada quando é convertida do campo elétrico para o campo mecânico pelo motor CC. A derivação electromagnética do binário e da força eletromotriz também resulta nas bobinas do motor.

Questão 29. Em que sentido uma mola e um condensador são elementos semelhantes em sistemas electromecânicos?

Tanto a mola como o condensador são elementos de armazenamento de energia (a mola armazena energia elástica e o condensador armazena carga, ou seja, energia eletrostática).

Questão 30. O que se entende por medições mecânicas?

Resposta:

Medição é um termo que se refere à análise de um componente fabricado relativamente ao grau de precisão das dimensões, tolerâncias, perfil geométrico, circularidade, planicidade, suavidade, etc. A medição envolve sempre a comparação do componente fabricado ou do protótipo com uma amostra padrão cujas dimensões e outros parâmetros são assumidos como perfeitos e não sofrem alterações ao longo do tempo.

Precisamente na engenharia mecânica, o ramo que trata da aplicação de princípios científicos para medições é conhecido como metrologia. O domínio da metrologia em geral trata de várias medições, como medições mecânicas, químicas, termodinâmicas, físicas e biológicas. Na engenharia mecânica, as medições limitam-se a medições mecânicas específicas, como o comprimento, a massa, o perfil da superfície, a planeza, a circularidade, a viscosidade, a transferência de calor, etc.

Questão 31. Define os termos aplicáveis às medições mecânicas.

Resposta:

Legibilidade:

A legibilidade refere-se à capacidade de um instrumento de medição fornecer com exatidão valores de medição, quer o valor que está a ser medido seja pequeno ou grande. Significa também a gama de valores que um instrumento pode medir.

Menos contagem:

A contagem mínima refere-se ao valor mínimo que pode ser medido com um determinado instrumento de medição. Por exemplo, a contagem mínima de um paquímetro Vernier é indicada pelo rácio entre as divisões mínimas na escala principal e o número de divisões na escala Vernier.

Gama de um instrumento:

A gama de um instrumento mecânico é simplesmente o valor mínimo até ao valor máximo que um instrumento pode medir.

Sensibilidade:

A sensibilidade refere-se à capacidade de resposta de um instrumento. Por exemplo, a sensibilidade de um instrumento destinado à medição de vibrações é definida como o rácio entre o movimento do ponteiro na escala do instrumento e a alteração da magnitude da grandeza física que provoca a vibração.

Repetibilidade:

A repetibilidade é a capacidade de um instrumento de medição repetir os mesmos resultados ou fornecer resultados consistentes durante uma utilização prolongada do instrumento.

Histerese

A histerese resulta da presença de perdas internas num instrumento. No caso de um instrumento do tipo mostrador e ponteiro destinado à medição da pressão, a principal causa de perdas deve-se à presença de atrito estático e dinâmico entre o ponteiro e o pivô do ponteiro. Devido ao atrito, o ponteiro não regressa totalmente à sua posição inicial quando a quantidade medida é retirada. Como resultado, apresenta um erro.

Exatidão:

A exatidão designa o grau de proximidade entre o valor de um instrumento e o valor real da quantidade que está a ser medida. É sempre mencionada em percentagem.

Precissão:

A precisão refere-se à proximidade com que um determinado instrumento fornece as mesmas leituras repetidamente sem desvios significativos.

Tempo de resposta:

O tempo de resposta designa a capacidade de um instrumento para detetar, em menos tempo, mesmo uma pequena alteração da grandeza física que está a ser medida. Os instrumentos destinados à medição de valores relacionados com alterações de temperatura e pressão para efeitos de monitorização em tempo real devem ter um tempo de resposta inferior.

Questão 32. Quais são os instrumentos de medição mecânicos mais importantes?

São utilizados diferentes instrumentos de medição mecânica com base em diferentes aplicações. Desde instrumentos mecânicos simples a instrumentos sofisticados e dispendiosos são utilizados em vários domínios da engenharia, incluindo medições de calor e temperatura, medições de fluidos, elasticidade, medições dinâmicas, etc.

Calibradores Vernier:

A figura (4.23) abaixo mostra um instrumento de medição com paquímetro vernier concebido para medir dimensões lineares.

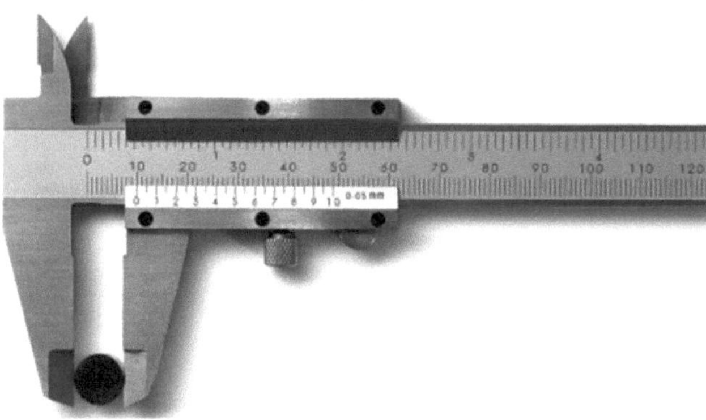

Figura (4.23) um instrumento de medição Vernier Caliper concebido para medir dimensões lineares.

Os paquímetros Vernier são instrumentos de medição concebidos para medir dimensões lineares. O instrumento também pode medir os diâmetros interno e externo de uma secção transversal circular. O instrumento é caracterizado por dois mordentes, um fixo e o outro livre para deslizar linearmente. Um pequeno botão situado na parte inferior acciona a mandíbula móvel; o polegar do utilizador acciona preferencialmente este botão.

Os paquímetros Vernier têm duas escalas, uma é a escala principal e a outra é a escala Vernier. As divisões da escala principal e da escala Vernier estão em milímetros.

A resolução dos paquímetros Vernier é também designada por leitura Vernier. A leitura Vernier indica o valor mais pequeno que pode ser medido pelo instrumento. As pinças Vernier métricas têm uma resolução de 0,02 mm a 0,05 mm, enquanto as pinças Vernier imperiais têm uma resolução de 0,001 polegadas.

Medidor com mostrador:

A figura (4.24) mostra um instrumento de medição com mostrador utilizado para medir a planeza e a inclinação de um objeto ou peça de trabalho.

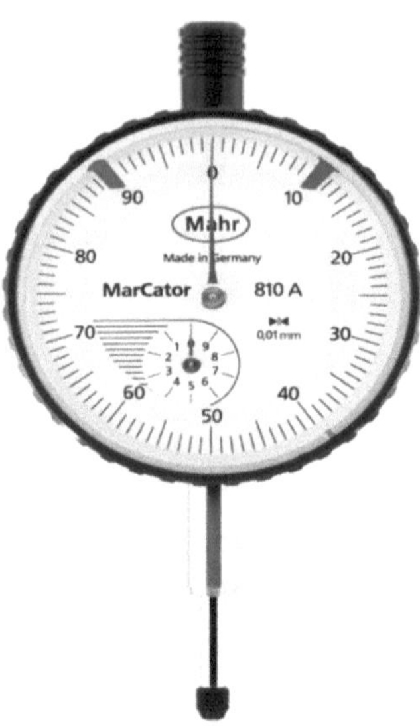

Figura (4.24) um instrumento de medição com mostrador

Um relógio comparador é utilizado para medir a planeza e a inclinação de um objeto ou peça de trabalho. Os relógios comparadores também se destinam a medir a circularidade de uma amostra cilíndrica. O valor mínimo que um relógio comparador pode medir é limitado a 0,01 mm.

Um medidor com mostrador típico tem uma haste vertical cujo movimento é limitado na direção vertical. Uma extremidade da haste permanece em contacto direto com a peça a medir. A outra extremidade possui um mecanismo com uma mola de torção e um ponteiro. Os movimentos lineares da haste de medição são convertidos em movimentos de rotação no ponteiro.

Micrómetros:

Os micrómetros são instrumentos de medição do diâmetro externo de peças cilíndricas. Estes instrumentos são instrumentos de precisão e são mais exactos do que os paquímetros Vernier.

Estes instrumentos têm um botão e uma escala sobre a pega para efetuar medições. Estes instrumentos são também conhecidos como calibradores de parafuso.

A figura (4.25) abaixo mostra um instrumento micrométrico que é utilizado para medir diâmetros externos de peças cilíndricas.

Figura (4.25) um instrumento micrométrico

Questão 33. Quais são os instrumentos mais importantes utilizados em aplicações de fluidos?

Resposta:

Viscosímetro:

Os viscosímetros são instrumentos de laboratório que se destinam a medir a viscosidade de um fluido e as suas propriedades de fluxo relacionadas. Os viscosímetros funcionam segundo o princípio da viscosimetria.

Medidor de caudal:

Os medidores de caudal são constituídos por um pequeno elemento rotativo que permanece suspenso no fluido cujo caudal se pretende medir. O elemento rotativo é levantado devido à força aplicada pelo fluido em circulação. A altura da elevação é proporcional ao caudal.

Venturimetro:

O Venturimeter é um instrumento que aplica o princípio de Bernoulli. Os medidores Venturi são utilizados principalmente para medir a descarga do caudal de um fluido.

Questão 34. Qual das seguintes opções é um instrumento de precissão?

a. Vernier caliper

b. Micrómetro

c. Medidor com mostrador

d. Viscosímetro

Resposta: Opção b

Explicação: Os micrómetros são instrumentos de medição de precisão que medem os diâmetros externos de uma amostra cilíndrica.

Questão 35. Qual das seguintes afirmações é verdadeira para um paquímetro Vernier?

a. Pode medir o diâmetro externo.

b. Pode medir o diâmetro interno.

c. É adequado para medições lineares.

d. Todas estas

Resposta: Opção d

Explicação: Os paquímetros de Vernier são instrumentos de medição que podem medir com exatidão os diâmetros internos e externos de peças cilíndricas e são adequados para medições lineares.

Questão 36. Qual dos seguintes instrumentos converte o movimento linear da caneta em movimento rotativo?

a. Medidor de caudal

b. Medidor Venturi

c. Medidor com mostrador

d. Contador rotativo

Resposta: Opção c

Explicação: O relógio comparador tem uma haste vertical cujo movimento linear é convertido em movimento rotativo.

Questão 37. Qual dos seguintes instrumentos utiliza o princípio de Bernoulli?

a. Manómetro

b. Viscosímetro

c. Micrómetro

d. Venturimetro

Resposta: Opção d

Explicação: O medidor de Venturi utiliza o princípio de Bernoulli para a determinação da descarga de um fluido em escoamento.

Questão 38. Qual das seguintes propriedades do instrumento dá erro na medição devido a perdas internas?

a. Histerese

b. Precessão

c. Exatidão

d. Tempo de resposta

Resposta: Opção a

Explicação: A histerese refere-se às perdas internas, como o atrito dinâmico e estático num instrumento, que podem conduzir a erros de medição.

Questão 39. Que tipo de manómetro utiliza um tubo em forma de U cheio de líquido como elemento sensor?

A) Manómetro de tubo Bourdon

B) Medidor de membrana

C) Manómetro

D) Medidor de fole

Resposta: C) Manómetro

Explicação: Os manómetros utilizam um tubo em forma de U cheio de líquido, como o mercúrio ou a água, para medir a pressão. A pressão exercida numa extremidade do tubo faz com que o líquido suba na outra extremidade, indicando a pressão.

Questão 40. Que tipo de manómetro é mais comummente utilizado em aplicações industriais?

A) Manómetro de tubo Bourdon

B) Medidor de membrana

C) Medidor de cápsulas

D) Medidor de fole

Resposta: A) Manómetro de tubo de Bourdon

Explicação: Os manómetros de tubo Bourdon são o tipo de manómetro mais utilizado em aplicações industriais devido à sua durabilidade, fiabilidade e capacidade de medir uma vasta gama de pressões.

Questão 41. Qual é o intervalo de pressão que um manómetro de baixa pressão mede tipicamente?

A) 0-15 psi

B) 0-30 psi

C) 0-60 psi

D) 0-100 psi

Resposta: A) 0-15 psi

Explicação: Os manómetros de baixa pressão são concebidos para medir pressões na gama de 0-15 psi, que são normalmente utilizadas em aplicações como sistemas AVAC e controlos pneumáticos.

Questão 42. Que tipo de manómetro é mais adequado para medir pressões muito elevadas?

A) Manómetro de tubo Bourdon

B) Medidor de membrana

C) Medidor de pistão

D) Medidor de fole

Resposta: C) Medidor de pistão

Explicação: Os medidores de pistão são concebidos para medir pressões muito elevadas, normalmente acima de 10.000 psi. Utilizam um pequeno pistão que é sujeito à pressão que está a ser medida, e o movimento do pistão é utilizado para indicar a pressão.

Questão 43. Qual é a unidade de medida mais comum utilizada nos manómetros?

A) PSI

B) Bar

C) Pascal

D) Atmosfera

Responda: A) PSI

Explicação: PSI (libras por polegada quadrada) é a unidade de medida mais comum utilizada para os manómetros de pressão, especialmente nos Estados Unidos.

Questão 44. Qual é a diferença entre um manómetro e um transmissor de pressão?

A) Um manómetro é mecânico, enquanto um transmissor de pressão é eletrónico.

B) Um manómetro é mais preciso do que um transmissor de pressão.

C) Um manómetro é menos dispendioso do que um transmissor de pressão.

D) Um manómetro pode medir uma gama mais ampla de pressões do que um transmissor de pressão.

Resposta: A) Um manómetro é mecânico, enquanto um transmissor de pressão é eletrónico

Explicação: Um manómetro utiliza elementos mecânicos para indicar a pressão, enquanto um transmissor de pressão utiliza sensores e circuitos electrónicos para medir e transmitir leituras de pressão.

Questão 45. Que tipo de manómetro é mais adequado para medir pressões de vácuo?

A) Manómetro de tubo Bourdon

B) Medidor de membrana

C) Medidor de fole

D) Manómetro

Responda: D) Manómetro

Explicação: Os manómetros são mais adequados para medir pressões de vácuo, uma vez que utilizam um tubo em forma de U cheio de líquido para indicar a diferença de pressão entre o vácuo e a pressão atmosférica.

Questão 46. Qual é o objetivo de um amortecedor de pressão manométrica?

A) Para proteger o manómetro de danos devidos a vibrações ou pulsações

B) Aumentar a precisão da leitura do manómetro

C) Para reduzir os efeitos das variações de temperatura na leitura do manómetro

D) Para evitar a contaminação do manómetro com substâncias estranhas

Resposta: A) para proteger o manómetro de danos causados por vibrações ou pulsações

Explicação: Um amortecedor de pressão manométrica é um dispositivo que é instalado entre o manómetro e o processo que está a ser medido para proteger o manómetro de danos devidos a vibrações ou pulsações no sistema. Ele ajuda a suavizar as flutuações de pressão e evita que o manômetro seja danificado.

Questão 47. Qual é o objetivo de um manómetro cheio de glicerina?

A) Para reduzir os efeitos das variações de temperatura na leitura do manómetro

B) Aumentar a precisão da leitura do manómetro

C) Para proteger o manómetro de danos devidos a vibrações ou pulsações

D) Para melhorar a visibilidade da leitura do manómetro

Resposta: C) para proteger o manómetro de danos causados por vibrações ou pulsações

Explicação: Os manómetros cheios de glicerina foram concebidos para proteger o manómetro de danos provocados por vibrações ou pulsações no sistema. A glicerina actua como um fluido amortecedor que absorve o choque e ajuda a suavizar as flutuações de pressão.

Questão 48. Qual é o objetivo de um amortecedor de pressão manométrica com um elemento metálico poroso?

A) Para proteger o manómetro de danos devidos a vibrações ou pulsações

B) Aumentar a precisão da leitura do manómetro

C) Para reduzir os efeitos das variações de temperatura na leitura do manómetro

D) Para evitar a contaminação do manómetro com substâncias estranhas

Resposta: D) Para evitar a contaminação do manómetro com substâncias estranhas.

Explicação: Um snubber de manómetro com um elemento metálico poroso foi concebido para evitar que o manómetro seja contaminado com substâncias estranhas que possam estar presentes no processo que está a ser medido. O elemento metálico poroso actua como um filtro que permite a passagem da pressão, mas impede a entrada de quaisquer partículas ou contaminantes no manómetro.

Questão 49. Que tipo de manómetro é mais adequado para medir fluidos corrosivos ou altamente viscosos?

A) Manómetro de tubo Bourdon

B) Medidor de membrana

C) Medidor de cápsulas

D) Medidor de fole

Resposta: D) Medidor de fole

Explicação: Os manómetros de fole são os mais adequados para medir fluidos corrosivos ou altamente viscosos, uma vez que são concebidos para suportar ambientes agressivos e podem acomodar pequenas quantidades de sólidos ou fluidos viscosos sem entupir.

Questão 50. Qual é o objetivo de um manómetro de pressão diferencial?

A) Para medir a pressão num sistema fechado

B) Para medir a diferença de pressão entre dois pontos de um sistema

C) Para regular a pressão num sistema

D) Para manter a pressão constante num sistema

Responda: B) para medir a diferença de pressão entre dois pontos num sistema.

Explicação: Um manómetro diferencial é utilizado para medir a diferença de pressão entre dois pontos de um sistema, por exemplo, através de um filtro ou de uma válvula.

Questão 51. Qual é o objetivo de um manómetro com uma ligação posterior?

A) Para permitir que o manómetro seja montado diretamente no processo a medir

B) Para permitir que o manómetro seja montado à distância do processo que está a ser medido

C) Para proteger o manómetro de danos devidos a vibrações ou pulsações

D) Para melhorar a visibilidade da leitura do manómetro

Resposta: A) para permitir que o medidor seja montado diretamente no processo a medir.

Explicação: Um manómetro com uma ligação posterior foi concebido para permitir que o manómetro seja montado diretamente no processo a medir, o que proporciona uma leitura mais precisa e reduz o risco de danificar o manómetro.

Questão 52. O que é um tubo capilar e para que é utilizado?

A) Um tubo utilizado para proteger o manómetro de danos devidos a sobrepressão

B) Um tubo utilizado para regular o fluxo de fluido para o manómetro

C) Um tubo utilizado para reduzir os efeitos das variações de temperatura na leitura do manómetro

D) Um tubo utilizado para proteger o manómetro da contaminação por substâncias estranhas

Resposta: C) Um tubo utilizado para reduzir os efeitos das alterações de temperatura na leitura do manómetro

Explicação: Um tubo capilar é um tubo longo e fino que é instalado entre o processo que está a ser medido e o manómetro, o que reduz os efeitos das alterações de temperatura na leitura do manómetro. O tubo é preenchido com um fluido que se expande e contrai com as alterações de temperatura, o que ajuda a compensar os efeitos da temperatura no manómetro.

Questão 53. Como é que um manómetro mede a pressão absoluta?

A) Mede a diferença entre a pressão que está a ser medida e uma pressão de referência

B) Mede a pressão que está a ser medida em relação a um vácuo perfeito

C) Mede a pressão que está a ser medida em relação à pressão atmosférica

D) Não pode medir a pressão absoluta

Resposta: B) Mede a pressão que está a ser medida em relação a um vácuo perfeito

Explicação: A pressão absoluta é a pressão de um fluido em relação a um vácuo perfeito. Um manómetro que mede a pressão absoluta tem uma câmara de referência selada no seu interior, que é evacuada para criar um vácuo perfeito. A pressão que está a ser medida é então aplicada ao outro lado do diafragma do manómetro ou do tubo de Bourdon, e a diferença de pressão entre o vácuo e o processo é indicada na face do manómetro.

Questão 53. Como é que um manómetro mede a pressão manométrica?

A) Mede a diferença entre a pressão que está a ser medida e uma pressão de referência

B) Mede a pressão que está a ser medida em relação a um vácuo perfeito

C) Mede a pressão que está a ser medida em relação à pressão atmosférica

D) Não pode medir a pressão manométrica

Resposta: A) Mede a diferença entre a pressão que está a ser medida e uma pressão de referência

Explicação: A pressão manométrica é a pressão de um fluido em relação à pressão atmosférica. Um manómetro que mede a pressão manométrica tem uma câmara de referência aberta para a atmosfera num dos lados e a pressão que está a ser medida é aplicada no outro lado do diafragma do manómetro ou do tubo de Bourdon. A diferença de pressão entre o processo e a referência atmosférica é indicada na face do manómetro.

Questão 54. Como é que um manómetro mede a pressão diferencial?

A) Mede a diferença entre a pressão que está a ser medida e uma pressão de referência

B) Mede a pressão que está a ser medida em relação a um vácuo perfeito

C) Mede a diferença de pressão entre dois pontos de um sistema

D) Não pode medir a pressão diferencial

Resposta: C) Mede a diferença de pressão entre dois pontos de um sistema

Explicação: A pressão diferencial é a diferença de pressão entre dois pontos num sistema fluido. Um manómetro que mede a pressão diferencial tem duas ligações de pressão, uma para cada ponto a ser medido, e o mecanismo do manómetro mede a diferença entre as duas pressões e indica-a na face do manómetro.

Questão 55. Quais são as partes principais de um manómetro de tubo de Bourdon?

A) Mostrador, ponteiro, movimento, tubo bourdon, ligação

B) Tampa de vidro, luneta, tubo bourdon, movimento, ponteiro

C) Ligação, luneta, mostrador, tubo bourdon, ponteiro

D) Luneta, mostrador, movimento, tubo bourdon, ligação

Resposta: D) Moldura, mostrador, movimento, tubo de bourdon, ligação

Explicação: As partes principais de um manómetro de tubo de Bourdon incluem uma moldura ou anel que fixa a face do mostrador, uma face do mostrador que apresenta a medição da pressão, um movimento ou mecanismo que traduz a deflexão do tubo de Bourdon num movimento do ponteiro, um tubo de Bourdon que se deflecte em resposta a alterações de pressão e uma ligação que liga o tubo de Bourdon ao processo que está a ser medido.

Questão 56. Qual é o objetivo do tubo de Bourdon num manómetro?

A) Para ampliar a leitura da pressão

B) Para fornecer uma indicação visual das alterações de pressão

C) Para converter a pressão numa deformação mecânica

D) Para proteger o manómetro contra a sobrepressão

Resposta: C) para converter a pressão numa deflexão mecânica.

Explicação: O tubo de Bourdon é o elemento sensor de um manómetro que converte as alterações de pressão numa deflexão mecânica. É tipicamente feito de um tubo de metal oco e curvo que tende a endireitar-se quando lhe é aplicada pressão. A quantidade de deflexão é proporcional à diferença entre a pressão que está a ser medida e uma pressão de referência.

Pergunta 57. Porque é que a calibração é importante para os manómetros?

A) Para garantir que o calibre está corretamente instalado

B) Verificar a exatidão da medição do calibre

C) Para proteger o manómetro de danos

D) Para garantir que o medidor está corretamente ligado à terra

Resposta: B) Para verificar a exatidão da medição do medidor

Explicação: A calibração é o processo de verificação da exatidão da medição de um manómetro em relação a um padrão de referência conhecido. É importante assegurar que o manómetro está a fornecer medições fiáveis e precisas, o que é crucial para manter a segurança do processo, a qualidade do produto e a conformidade regulamentar.

Questão 58. Quais são alguns dos métodos comuns utilizados para calibrar manómetros de pressão?

A) Dispositivos hidráulicos de verificação do peso próprio, indicadores digitais e medidores analógicos

B) Visores, válvulas de descompressão e medidores de caudal

C) Sensores de temperatura, termopares e RTDs

D) Nenhuma das anteriores

Resposta: A) Testadores hidráulicos de peso morto, indicadores digitais e medidores analógicos

Explicação: Existem vários métodos utilizados para calibrar os manómetros de pressão, mas alguns dos mais comuns incluem a utilização de testadores de peso morto hidráulico, indicadores digitais e manómetros analógicos. Estes métodos fornecem medições precisas e fiáveis que podem ser utilizadas para determinar a precisão do manómetro e fazer os ajustes necessários.

Pergunta 59. Quais são algumas tarefas de manutenção comuns para manómetros?

A) Limpeza, inspeção e substituição de componentes danificados ou desgastados

B) Lubrificação das partes móveis e aperto das ligações

C) Verificação da exatidão e ajustamento da calibragem, se necessário

D) Todas as anteriores

Responda: D) Todas as opções anteriores

Explicação: As tarefas comuns de manutenção de manómetros incluem a limpeza, inspeção e substituição de componentes danificados ou desgastados, lubrificação de peças móveis e verificação da precisão e ajuste da calibração, conforme necessário. Estas tarefas podem ajudar a garantir que o manómetro está a funcionar corretamente e a fornecer medições precisas.

Pergunta 60. Quais são algumas das causas comuns de falha do manómetro?

A) Sobrepressão, vibração e temperaturas extremas

B) Exposição a materiais corrosivos ou abrasivos

C) Instalação ou utilização incorrecta

D) Todas as anteriores

Responda: D) Todas as opções anteriores

Explicação: Vários factores, incluindo sobrepressão, vibração, temperaturas extremas, exposição a materiais corrosivos ou abrasivos e instalação ou utilização incorrectas, podem causar falhas no manómetro. A manutenção e a calibração regulares podem ajudar a evitar alguns destes problemas e garantir que o manómetro está a funcionar corretamente.

Questão 61. Identifique o tipo de termopar com o limite de temperatura mais alto dentre os listados aqui:

(A) Tipo J

(B) Tipo K

(C) Tipo S

(D) Tipo T

(E) Tipo E

Resposta: C

Questão 62. O fio negativo de um termopar é sempre colorido:

(A) Azul

(B) Amarelo

(C) Vermelho

(D) Branco

(E) Preto

Resposta: C

Questão 63. O elemento sensor de temperatura mais robusto listado aqui é:

(A) Termopar

(B) Placa de orifício

(C) RTD

(D) Bolbo cheio

(E) Olho de fogo

Resposta: A

Questão 64. Converta uma medição de temperatura de 250 graus C em Kelvin.

(A) 523,2 K

(B) -209,7 K

(C) 709,7 K

(D) -23,2 K

(E) 23,2 K

Resposta: A

Questão 65. Quando a junção de referência tem a mesma temperatura que a junção de medição num circuito de termopar, a tensão de saída (medida pelo instrumento de deteção) é..:

(A) Zero

(B) Polaridade invertida

(C) Ruidoso

(D) CA em vez de CC

(E) Não fiável

Resposta: A

Questão 66. Um "poço termométrico" é um:

(A) Dissipador de calor

(B) Pequeno recipiente para conter líquidos a alta temperatura

(C) Tubo de proteção para um elemento sensor de temperatura

(D) Dispositivo sensor de temperatura

(E) Dispositivo limitador de segurança para alta pressão

Resposta: C

Questão 67. A compensação da junção de referência é necessária em instrumentos de temperatura baseados em termopares porque:

(A) O fio de extensão de cobre tem tendência a corroer-se

(B) Os termopares são intrinsecamente não lineares

(C) A junção de referência gera uma tensão dependente da temperatura

(D) A resistência eléctrica da junção varia com a temperatura

(E) O ruído elétrico pode interferir com a medição de outra forma

Resposta: C

Questão 68. O calor latente é:

(A) O calor necessário para aumentar a temperatura de uma substância

(B) A quantidade de energia térmica presente nas condições ambientais

(C) A energia potencial que reside numa amostra de combustível não queimado

(D) O calor libertado quando um gás diminui subitamente de pressão

(E) O calor necessário para que uma substância mude de fase

Responder: E

Questão 69. O fio de extensão de termopar pode ser prontamente distinguido do fio de grau de termopar regular por:

(A) Diferentes tipos de metais

(B) Cor da bainha exterior

(C) Marcações especiais no isolamento do fio

(D) Espessura

(E) Flexibilidade (fios em vez de sólidos)

Responde: B

Questão 70. Um termopar tipo J é feito dos seguintes metais:

(A) Alumínio e tungsténio

(B) Ferro e Constantan

(C) Platina e liga de platina/ródio

(D) Cobre e Constantan

(E) Cromel e Alumel

Responder: B

Questão 71. Que instrumentos são utilizados para medir a temperatura?

Resposta:

Termómetro,

Indicador de temperatura bimetálico,

Termopares,

Detectores de temperatura por resistência,

Pirómetros ópticos.

Questão 72. O que é um sensor de temperatura padrão?

Resposta:

Termopar

RTD

Questão 73. Escreva a fórmula de conversão de temperatura de Fahrenheit para Centígrado.

Resposta:

Deg. C = (Deg. F - 32) / 1,8

Questão 74. Qual é a diferença entre "Centigrado" e "Celsius"?

Resposta:

É a mesma coisa. Celsius é o nome técnico. Por outras palavras, Centígrado é uma escala graduada em centenas.

Questão 75. O que é um termopar? Como é que funciona?

Resposta:

Dois metais diferentes são soldados (unidos) numa extremidade para formar uma "junção quente" e na outra extremidade para formar uma "junção fria".

Quando existe uma diferença de temperatura entre a junção "quente" e a "fria", é produzido um mv no circuito proporcional à diferença de temperatura.

A quantidade de mv produzida por um termopar depende da caraterística e do tipo de termopar, como o tipo "j", "k", etc.

Questão 76. Quais são as gamas de medição de diferentes termopares?

Resposta:

Os seguintes termopares medem a temperatura com precisão dentro do intervalo especificado:

Cobre - Constantan: 0-300 graus Celsius

Ferro - Constantan: 0-600 Deg C

Cromel-Alumel: 0-1200 Deg C

Platina-Ródio-Platina: 0-2000 graus Celsius

Questão 77. Qual é o nome dos termopares normalmente utilizados?

Resposta:

Nos rolamentos de Pump: Ferro constantan

Câmaras de combustão de turbinas a gás ON: Cromel Alumel

Questão 78. Qual é o nome do cabo utilizado para ligar um termopar a um instrumento de medição?

Resposta:

O cabo intermédio utilizado para ligar um termopar do campo ao instrumento da sala de controlo é designado por "cabo de compensação".

Questão 79. O que é a compensação da junção fria?

Resposta:

A "compensação da junção fria" é utilizada na medição da temperatura por meio de um termopar. Esta compensação destina-se a corrigir o erro causado pela temperatura ambiente.

O mv produzido por um termopar é proporcional à diferença de temperatura entre a sua junção "quente" e "fria". A junção fria é a temperatura ambiente (sala de controlo).

Sem a "compensação da junção fria", a temperatura na junção quente será medida de forma incorrecta.

Questão 80. O que é um RTD? Como é que funciona?

Resposta:

RDT - Detetor de Temperatura de Resistência

O RTD é uma resistência com coeficiente de temperatura positivo, que proporciona um aumento linear da sua resistência em função do aumento da temperatura.

Questão 81. Qual é o RTD normalmente utilizado?

Resposta:

Pt 100 resistência da platina 100 Ohms.

Questão 82. O que é "pt 100"? Qual é a resistência (em ohms) de um pt100 a zero graus Celsius?

Resposta:

Pt 100 Resistência de platina, que oferece 100 ohms a zero graus Celsius.

Questão 83. Quais são as vantagens e desvantagens de um RTD em relação a um termopar?

Resposta:

Os RTDs são precisos numa gama mais baixa de medição de temperatura, como -200 graus C a +200 graus C.

Os RTDs são caros em comparação com os Termopares, além disso, existem limitações na medição em gamas de temperatura mais elevadas.

Questão 84. Porque é que a medição RTD utiliza três fios para uma ligação de sinal de campo?

Resposta:

O sistema de 3 fios é utilizado na medição de temperatura por um RTD para compensar a resistência da linha. O sistema de três fios fornece uma ponte de Wheatstone no instrumento de medição.

Pergunta 85. O que é um instrumento de temperatura "bimetálico"? Como é que funciona? Dar um exemplo?

Resposta:

Num instrumento de temperatura bimetálico, dois metais com diferentes coeficientes de dilatação térmica são ligados entre si.

Devido às suas caraterísticas de expansão, o maior coeficiente de expansão responde mais do que o menor e forma-se uma torção no elemento. Este princípio é utilizado na conceção de instrumentos de medição de temperatura para a gama inferior.

Com exceção dos instrumentos de tipo cheio, a maior parte dos indicadores de temperatura são do tipo bimetálico.

Questão 86. O que é um instrumento de temperatura do tipo "cheio"? Dar um exemplo?

Resposta:

O princípio da variação da expansão do líquido com a variação da temperatura é utilizado na conceção do instrumento de medição da temperatura do tipo "cheio".

Por exemplo: Os termómetros de vidro, os indicadores de temperatura capilares de tipo preenchido e os interruptores.

Os instrumentos de medição de temperatura do tipo cheio são utilizados para a medição de temperaturas de gama baixa.

Questão 87. Quais são os instrumentos utilizados para medir a temperatura?

Termómetros de precisão em vidro

RTD com um instrumento de medição de resistência em termos de graus C ou graus F.

Termopar com um instrumento de medição de mv em termos de Deg C ou Deg. F.

Questão 88. Os transdutores resistivos são ______________

a) Transdutores primários

b) Transdutores secundários

c) Primária ou secundária

d) Nenhuma das mencionadas

Resposta: c

Explicação: Os transdutores resistivos podem ser transdutores primários ou secundários, consoante a aplicação.

Questão 89. O que acontecerá com a resistência, se o comprimento do condutor for aumentado?

a) Diminuições

b) Sem alterações

c) Aumentos

d) Duplas

Resposta: c

Explicação: À medida que o comprimento do condutor aumenta, a resistência aumenta de acordo com a expressão R = (ρl)/A.

Questão 90. Qual das seguintes opções pode ser medida utilizando a variação da resistividade ou a resistência específica?

a) Temperatura

b) Radiação visível

c) Teor de humidade

d) Todos os mencionados

Resposta: d

Explicação: A alteração da resistividade pode ser introduzida na medição de todas as grandezas mencionadas, uma vez que a resistividade é sensível à temperatura.

Questão 91. O que acontecerá com a resistividade do metal e do semicondutor se a temperatura for aumentada?

a) Aumentos

b) Diminuições

c) Para o metal aumenta e para o semicondutor diminui

d) Para o metal diminui e para o semicondutor aumenta

Resposta: c

Explicação: O metal tem um coeficiente de resistência positivo à temperatura e o semicondutor tem um coeficiente de resistência negativo à temperatura.

Questão 92. Qual é a relação entre o coeficiente de temperatura da resistividade e o coeficiente de expansão térmica no RTD?

a) Superior

b) Inferior

c) Igual

d) Nenhuma das mencionadas

Resposta: a

Explicação: É utilizado para proporcionar uma alteração considerável da resistência quando exposto à temperatura.

Questão 93. Um metal com coeficiente de resistência à temperatura tem um valor 200; a sua resistência inicial é dada por 40Ω. Para um aumento de 30^0 c para35^0 c qual será o valor final da resistência?

a) 40 KΩ

b) 4 KΩ

c) 40 Ω

d) 400 Ω

Resposta: a

Explicação: Resposta obtida utilizando a expressão R $=R_{T0}$ $(1+\alpha\Delta T)$, em que α representa o coeficiente de temperatura da resistência, R_0 e R_T representam os valores inicial e final da resistência.

Questão 94. Qual das seguintes opções pode ser usada para medir usando termistores?

a) Muito baixo

b) Entre 100Ω e 1MΩ

c) Superior a 1MΩ

d) Nenhuma das mencionadas

Resposta: b

Explicação: O termistor a 20^0 c pode ser utilizado para medir valores de resistência entre 100Ω e 1MΩ.

Questão 95. Os termístores podem estar em forma de fio.

a) Verdadeiro

b) Falso

Resposta: b

Explicação: Devido à sua elevada fragilidade, os termístores não podem ser moldados em forma de fio. Por isso, são moldados em forma de pérolas.

Questão 96. Qual das seguintes afirmações está correta em relação aos termístores?

a) Coeficiente positivo de resistência à temperatura

b) Coeficiente negativo de resistência à temperatura

c) Coeficiente de temperatura imprevisível

d) Nenhuma das mencionadas

Resposta: b

Explicação: Nos termístores, à medida que a temperatura aumenta, a resistência diminui.

Questão 97. Os termístores têm uma estabilidade elevada.

a) Verdadeiro

b) Falso

Resposta: b

Explicação: A estabilidade dos termístores não é satisfatória. Pode ser melhorada utilizando temperaturas elevadas.

Questão 98. O que é a instrumentação? Com o que é que ela lida?

Resposta: A instrumentação é uma técnica básica que é utilizada para converter parâmetros físicos, químicos e mecânicos em padrões conhecidos de tensão e corrente.

Questão 99. O que é um sensor? Em que é que ele é diferente de um transdutor?

Resposta: É um dispositivo ou um instrumento que está fisicamente em contacto com o processo e responde a qualquer alteração do fenómeno físico, químico ou mecânico em termos de alteração da resistência, da capacitância, da indutância ou da tensão. Nota - um sensor pode ser um transdutor, mas um transdutor não pode ser um sensor.

Questão 100. O que é um transdutor?

Resposta: A definição básica de transdutor é um dispositivo que converte uma forma de energia noutra forma. No entanto, a definição mais ampla é a de um dispositivo que converte um processo mecânico ou físico num sinal elétrico, e a razão para o transformar em elétrico é que o sinal elétrico o/p pode ser facilmente utilizado, transmitido e processado para efeitos de medição. O transdutor é constituído por dois elementos: sensor + elementos de condicionamento do sinal.

Pergunta 101. O que é o elemento de condicionamento do sinal?

Resposta: O sistema recebe o i/p do sensor e converte-o numa tensão ou corrente adequada para processamento posterior. Inclui uma ponte de Wheatstone para converter o sensor o/p em termos de tensão e, em seguida, um amplificador, para amplificar a tensão o/p para processamento posterior e armazenamento de dados.

Questão 102. O que é o efeito de carga? O que pode ser feito para evitar o efeito de carga?

Resposta: o aproveitamento da corrente do circuito anterior é designado por carregamento. Este problema ocorre quando mais do que um dispositivo está ligado numa cadeia. Uma vez que, na instrumentação, os dispositivos são ligados apenas em cadeia, existe sempre a possibilidade de carregamento. Geralmente, o efeito de carga ocorre na fase de amplificação, pelo que, para evitar o efeito de carga, o amplificador deve ter uma resistência de entrada elevada.

Questão 103. Por que razão transmitimos informação em termos de corrente e não em termos de tensão num sistema de medição?

Resposta: Preferimos apenas a transmissão de corrente e não de tensão, porque na transmissão de tensão ocorre interferência em modo série, ou seja, é adicionada uma tensão indesejada s/g e a tensão é corrompida por ruído, enquanto na transmissão de informação por corrente, a corrente é transmitida para a carga, escapando a todos os tipos de interferência.

Pergunta 104. Porque é que 4-20 mA é preferível à corrente 0-20 mA na automação industrial e porque é que apenas a gama 4-20 mA é considerada na medição industrial?

Resposta: A razão para considerar 4-20mA em vez de 0-20mA é detetar qualquer avaria no fio, a 0mA, quer o fio esteja partido ou não seja emitido qualquer sinal, o/p é apenas 0, mas a 4mA, podemos detetar se o fio está partido ou não. O controlador padrão necessita de um sinal digital de 1-5 volts com uma resistência padrão de 250ohm para a corrente da gama 4-20mA. A razão para utilizar 20mA é que o coração humano pode suportar até 30mA, pelo que, por razões de segurança, 20mA.

Questão 105. Qual é a aplicação prática dos sensores térmicos nas indústrias? Dê alguns exemplos.

Resposta: Os sensores térmicos incluem:

RTD

Termistores

Termopar

Com base na sua gama de temperaturas de medição,

1. RTD: É utilizado em centrais eléctricas em diferentes fases, ou seja, refinação, condensados de produção de energia e exaustão de vapor. Foi concebido para uma resposta rápida, pelo que é colocado em contacto direto para permitir um controlo rigoroso do processo.

2. Termistores: podem detetar uma gama muito pequena de temperatura. Não podem ser detectados por RTD ou termopar. Utilizados principalmente para compensação temporária em circuitos de ponte de Wheatstone. Nota: os termístores podem ser instalados à distância dos seus circuitos de medição associados. A aplicação inclui indicadores de nível de líquido, medição de caudal, interruptores térmicos e circuitos de atraso de tempo.

3. Termopar: utilizado numa vasta gama de temperaturas, instalado em condutas no interior de poços de proteção, de modo a poder ser facilmente removido sem interrupção ou paragem da instalação.

Questão 106. Como é que a tensão de excitação é selecionada na fase de condicionamento do sinal do transdutor?

Resposta: A tensão de excitação não deve ser muito elevada na fase de condicionamento do sinal na ponte de Wheatstone, uma vez que resultará numa elevada dissipação de energia através do sensor, causando danos no sensor. Assim, a tensão de excitação é sempre selecionada de acordo com a capacidade de dissipação de energia dos sensores, que é fornecida pelo fabricante.

Questão 107. Como é que a não linearidade pode ser reduzida em sensores térmicos baseados em pontes de Wheatstone?

Resposta: para uma gama de temperaturas, a não-linearidade máxima ocorre no seu valor médio. para reduzir o erro não-linear, podemos colocar um ou mais sensores em braços comuns. Por exemplo, podemos utilizar um circuito de meia-ponte. Em alternativa, um circuito de ponte completa para reduzir a não linearidade. Nota: o circuito do amplificador operacional é utilizado para eliminar a não linearidade no caso do quarto de ponte, mas a sensibilidade fica comprometida ao mesmo tempo que se melhora a linearidade.

Questão 108. Como é que um amplificador operacional pode reduzir a não linearidade num transdutor?

Resposta: utilizando sensores como elemento de realimentação do amplificador operacional, a não linearidade pode ser eliminada.

Questão 109. Qual é o efeito de auto-aquecimento em sensores térmicos? Como é que pode ser eliminado?

Resposta: O efeito de auto-aquecimento ocorre em RTD e termístores, que é o aquecimento do sensor ao aplicar a tensão de excitação. Como estes sensores dependem da temperatura, a uma temperatura elevada com uma dada excitação, a dissipação através do sensor aumenta em grande quantidade, podendo causar danos no sensor, o que se designa por efeito de auto-aquecimento.

Questão 110. O que é um extensómetro? Tipos de strain gauge? Onde é que utilizamos estes extensómetros na indústria?

Resposta: O extensómetro é um fio metálico, que altera a sua resistência em função da força i/p que lhe é aplicada.

Os tipos de strain gauges são:

Extensómetros metálicos não ligados

Fio metálico ligado

Folha de metal colada

Baseado em semicondutores

Medidores de tensão de metal difuso

São utilizados como transdutor secundário em muitas aplicações. A aplicação inclui a medição da força, a medição do peso, a medição da carga, a medição da pressão, a medição do binário e a medição da aceleração. Estes medidores são utilizados no circuito de ponte de Wheatstone; respondem a todas estas entradas em termos de resistência, que é posteriormente convertida na tensão e corrente correspondentes. Também são utilizados como manómetros fictícios para compensação da temperatura.

Questão 111. Quais são os diferentes tipos de sensores de deslocamento utilizados na indústria?

Resposta: Os diferentes tipos de sensores de deslocamento são:

1. Sensor baseado na resistência: exemplo: potenciómetros (para grandes deslocamentos)

2. Sensores capacitivos: exemplo: área variável, dielétrico variável e arranjo push-pull.

3. Sensores indutivos: exemplo: sensores indutivos de relutância variável e sensor indutivo de deslocamento push-pull. Nota: os sensores indutivos têm uma resolução extremamente boa, pelo que são utilizados para a medição de deslocamentos em gamas muito pequenas.

Questão 112. Porque é que não utilizamos um único sensor indutivo e capacitivo no circuito da ponte de Wheatstone, ao contrário dos sensores resistivos?

Resposta: não utilizamos sensores capacitivos e indutivos simples no circuito WB porque a tensão o/p tornar-se-á dependente da frequência s/g de entrada e não conseguiremos medir o deslocamento necessário.

Pergunta 113. Em que princípio funciona o LVDT.

Resposta: O LVDT funciona com base no princípio da indutância mútua.

Questão 114. Quais são os diferentes tipos de sensores de pressão utilizados nas indústrias?

Resposta: Sensor de pressão de capacitância variável - o arranjo diferencial do sensor capacitivo é amplamente utilizado na indústria de fluxo de processo para monitorizar o fluxo de processo, onde o sensor o/p é calibrado em termos de diferença de pressão.

Questão 115. Aplicação industrial de medidores de tubo de Bourdon.

Resposta: São utilizados para medir pressões médias a muito elevadas. Ex- para medir pressões elevadas em caldeiras de vapor e compressores, para medir pressões em câmaras de ar de veículos.

Pergunta 116. Que tipo de sensor de fluxo utilizamos na tubagem para a medição do fluxo de líquido?

Resposta: Os sensores de caudal utilizados em condutas para a medição do caudal de líquidos são:

Medidores de caudal ultra-sónicos

Medidores de caudal magnéticos

Medidores de caudal com sonar

Pergunta 117. Onde se utiliza o medidor de caudal do tipo ultrassónico?

Resposta: As indústrias que utilizam medidores de caudal ultra-sónicos são - petróleo e gás, água e águas residuais, energia, química, alimentos e bebidas, farmacêutica, metais e minas, e pasta e papel.

Pergunta 118. O que são medidores de caudal mássico?

Resposta: Um medidor de caudal mássico é uma forma de medir o volume ou a massa de um gás ou líquido que passa através de um sistema num ponto específico do sistema de caudal. São utilizados para medir caudais mássicos e volumétricos. Os medidores de caudal mássico substituíram outras formas de medição do caudal devido à sua precisão e resolução da medição do caudal. Nota - existem dois tipos de caudalímetros baseados na técnica de medição. 1. Medidor de caudal mássico: que mede a massa de líquidos e gases para medir o seu caudal. Ex-Coriolis, ou inercial, e caudalímetros térmicos 2. Medidores de caudal volumétricos: medem o volume de líquido ou gás para medir o seu caudal, por exemplo: medidores de caudal ultrassónicos e magnéticos.

Questão 119. Aplicação industrial do Rotâmetro.

Resposta: Os rotâmetros são amplamente utilizados na indústria para medir os caudais de líquidos e de gás em instalações e são utilizados para monitorizar a carga de filtração na petroquímica, metalurgia e indústria ligeira.

Questão 120. O que é Vantagem Mecânica?

Resposta:

Muitas vezes, as pessoas pensam que as máquinas são utilizadas apenas nas fábricas, mas, na realidade, muitas máquinas simples são utilizadas na vida quotidiana para facilitar o nosso trabalho. As máquinas simples ajudam-nos a levantar grandes cargas e a transportar contentores pesados. São utilizadas na construção civil, na maquinaria, nos brinquedos, no mobiliário e em muitas outras coisas. Vamos ver como as máquinas simples se movem, rodam e interagem umas com as outras para ajudar a realizar tarefas difíceis.

Por exemplo, sempre que algo é demasiado pesado para levantar, uma rampa pode ser uma solução. Desde que a inclinação da rampa seja suficientemente suave e o objeto tenha algo como rodas que rolem, os pesos pesados podem ser levantados daqui para ali.

A vantagem mecânica é o rácio entre a força de saída e a força de entrada. Também pode ser descrita como o rácio entre a carga e o esforço aplicado.

Livros e referências

Livros e referências árabes:

1. Jalal Al-Haj Abd, "Theory of Control in Mechanical Systems", sítio Web de Jalal Al-Haj Abd, www.jalalalhajabed, fevereiro (2010).

2. Dr. Osama Mohammed Elmardi Suleiman Khayal, "Automatic and Control Lectures Book", Universidade do Vale do Nilo, Faculdade de Engenharia e Tecnologia, Departamento de Engenharia Mecânica, (1994).

3. Dr. Osama Mohammed Elmardi Suleiman Khayal, "The Engineering Measurement Instruments Lectures Book", Universidade do Vale do Nilo, Faculdade de Engenharia e Tecnologia, Departamento de Engenharia Mecânica, (1993).

4. Dr. Osama Mohammed Elmardi Suleiman Khayal, "Control Engineering Lectures Book", Universidade do Vale do Nilo, Faculdade de Engenharia e Tecnologia, Departamento de Engenharia Mecânica, (1995).

5. Saud bin Humaid Al-Lihyani, "Measurement Devices", Universidade Umm Al-Qura, Faculdade de Ciências Aplicadas, Divisão de Física Médica.

6. Muhammad Hashim Siddiq, "Fluid Mechanics", versão escrita, (2016).

7. Dr. Osama Mohammed Elmardi Suleiman Khayal, "Book Solutions to Problems in Measurement and Control Devices (Part One)", Universidade do Vale do Nilo, Faculdade de Engenharia e Tecnologia, Departamento de Engenharia Mecânica, março (2016).

8. Dr. Osama Mohammed Elmardi Suleiman Khayal, "Book Solutions to Problems in Measurement and Control Devices (Part Two)", Universidade do Vale do Nilo, Faculdade de Engenharia e Tecnologia, Departamento de Engenharia Mecânica, janeiro (2016).

9. Administração Geral para a Conceção e Desenvolvimento Curricular, "Technical Measurements Book", Reino da Arábia Saudita.

10. Administração Geral para a Conceção e Desenvolvimento Curricular, "Automatic Control Technology Book", Reino da Arábia Saudita.

11. Administração Geral de Conceção e Desenvolvimento Curricular, "Programmed Control Technology Book", Reino da Arábia Saudita.

12. Administração Geral para a Conceção e Desenvolvimento Curricular, "Industrial Control Systems and Their Characteristics Book", Reino da Arábia Saudita.

13. Dr. Dr. Osama Mohammed Elmardi Suleiman Khayal, 2016. Soluções de Problemas em Instrumentação e Controlo, publicado por E-Kutub.com. ISBN: 978-1-78058-206-1, ekutub.info@gmail.com.

14. Dr. Osama Mohammed Elmardi Suleiman Khayal, junho de 2018. Livro de engenharia de automação e controlo, www.ektab.com

15. Dr. Osama Mohammed Elmardi Suleiman Khayal, março de 2016. Livro Soluções para Problemas em Dispositivos de Medição e Controlo, Parte Um, www.ektab.com.

16. Dr. Osama Mohammed Elmardi Suleiman Khayal, janeiro de 2016. Livro Soluções para Problemas em Dispositivos de Medição e Controlo, Parte Dois, www.ektab.com.

Livros e referências em inglês:

1. Larry Caretto, "Introdução à Estática dos Fluidos e Manómetros", Universidade Estatal da Califórnia, Northridge, janeiro (2008).

2. Atherton D. P., "Nonlinear Control Engineering", Van Nostrand Reinhold, Londres, (1982).

3. Burns R. S. , " Intelligent Manufacturing " , Journal of Aircraft Engineering and Aerospace Technology , MBC University Press , 69 (5) , (1997) , PP. (440 - 446).

4. L. Michalski , K. Eckersdorf , J. Kucharski , J. McGhee , " Temperature Measurement " , Second Edition , John Wiley and Sons Ltd , (2001) .

5. McGhee T. D., "Principles and Methods of Temperature Measurement", John Wiley and Sons Ltd, Nova Iorque, (1988).

6. Diamond J. M. , " Linearization of Resistance Thermometers and other Transducers " , Rev. SC. Instr. 41 (1) , (1970) , PP. (53 - 56) .

7. Peter Grogono, "Control Systems", dezembro (2003).

8. P. R. Wiederhold, "Water Vapor Measurement, Methods and Instrumentation", Marcel Dekker, Nova Iorque, (1997).

9. Morrison G. L. and et al., " Five Hole Pressure Probe Analysis Technique ", Flow Measurement and Instrumentation, Vol. 9, No. 3, (1998), PP. (153 - 158).

10. Matthias Nau, "Electrical Temperature Measurement with Thermocouples and Resistance Thermometers", M. K. Juchheim, agosto (2002).

11. Joseph J. Distefano, "Feedback and Control Systems", Schaum's Outline of Theory and Problems, segunda edição, McGraw Hill, Nova Iorque, (1990).

12. Kopecky F. e et al., "Exercise from Physics for Students of Pharmacy", Bratislava, Reino Unido, (1990).

13. John Hannah, Richmond Courtney Stephens, "Mechanics of Machines: Elementary Theory and Examples", Volume 1, (1984).

14. Bela G. Liptak, "Process Control", CRC Press, Nova Iorque, (1999).

15. Yunus A. Cengel e John M. Cimbala, "Solutions Manual for Fluid Mechanics: Fundamentals and Applications", segunda edição, McGraw Hill, (2010).

16. Csala Hos, e Botond Erdos, "Introduction to Mechanical Engineering Lecture Notes", dezembro (2011).

17. Osama Mohammed Elmardi Suleiman Khayal, (2020). Self-Development of Career in Mechanical and Manufacturing Engineering, Noor Academic Publishing, membro do Omni Scriptum Publishing Group, Alemanha, e ISBN: 978-620-0-77854-3.

18. R.K. Rajput (Autor), Medições Mecânicas e Instrumentação (Incluindo Metrologia e Sistemas de Controlo) Brochura - 1 de janeiro de 2013.

19. Francis S. Tse (Autor), Ivan E. Morse (Autor), Medição e Instrumentação em Engenharia: Princípios e Experiências Básicas de Laboratório (Engenharia Mecânica) , CRC Press; 1ª edição (28 de julho de 1989).

Sobre o autor

O Dr. Osama Mohammed Elmardi Suleiman Khayal, engenheiro, nasceu em Atbara, Sudão, em 1966. Obteve um diploma em engenharia mecânica na Faculdade de Engenharia Mecânica de Atbara (MECA) - Atbara em 1990. Obteve igualmente o grau de bacharel em engenharia mecânica na Universidade de Ciência e Tecnologia do Sudão (SUST) - Faculdade de Engenharia - Cartum em 1998. Obteve também o grau de mestre em Mecânica dos Materiais.) pela Universidade do Vale do Nilo - Faculdade de Engenharia e Tecnologia - Atbara em 2003 d.C. e um doutoramento em Mecânica dos Materiais Compostos pela Universidade do Vale do Nilo em 2017 d.C. Leccionou em muitas universidades no Sudão, para além de ser autor de mais de cem livros em árabe e cem livros em inglês, para além de cem artigos científicos publicados em editoras e revistas internacionais, para além de supervisionar mais de trezentos trabalhos de investigação graduados para cada um dos estudantes de doutoramento, mestrado e diploma superior. Bacharelato, diploma geral. Ocupa atualmente o cargo de Professor Associado, Departamento de Mecânica, Faculdade de Engenharia e Tecnologia - Universidade do Vale do Nilo, além de ser o reitor desta faculdade desde outubro de 2019. Para além do seu trabalho como consultor de algumas oficinas de engenharia na zona industrial de Atbara. Além do seu trabalho como diretor técnico do Al-Kamali Engineering Workshop Group para tornear cambotas, cilindros de motores de automóveis, torneamento geral e prensagem de cartuchos hidráulicos.

Printed by Books on Demand GmbH, Norderstedt / Germany